MAESTROS DE LA LITERATURA JAPONESA - 64

Este mundo astuto

Relatos clásicos de deseo, traición y avaricia

Maestros de la Literatura Japonesa

Este mundo astuto

Relatos clásicos de deseo, traición y avaricia

Ihara Saikaku

Traducción de
Masateru Ito y
Ednodio Quintero

Prólogo de
Ednodio Quintero

SATORI

Colección Maestros de la Literatura Japonesa – 64

Director: Carlos Rubio

PRIMERA EDICIÓN, septiembre 2025

TÍTULO ORIGINAL: *Seken munasanyo*『世間胸算用』(1692)

AUTOR: Ihara Saikaku*

EDICIÓN EN ESPAÑOL: *Este mundo astuto*

Maquetación: Cuadratín Estudio

Cubiertas: José Luis González Macías

Ilustración de cubierta: *Escena de interior en una mañana de nieve,*
de Torii Kiyonaga (c. 1788)

* En la cubierta de esta edición se ha respetado la onomástica japonesa para el nombre del autor, que antepone el apellido al nombre propio.

Impresión: Imprenta Kadmos

ISBN: 978-84-10404-16-8
Depósito legal: AS 01817-2025

Impreso en España – Printed in Spain

ÍNDICE

PRÓLOGO

La época de mayor esplendor de la cultura japonesa se centró sin lugar a dudas en el llamado periodo Heian (794-1185), desde la fundación de Kioto, sede de la corte imperial, hasta las guerras Gempei entre los clanes Heike y Minamoto (1180-1185), con el trágico triunfo de este último, que dio inicio al férreo dominio de los shogunes. Durante el periodo Heian, la literatura alcanzó su logro más espectacular con el *Genji monogatari* (*La historia de Genji*, primera década del siglo XI), escrita por una dama de mediana nobleza, Murasaki Shikibu, una extensa narración que cuenta las peripecias y aventuras del príncipe Hikaru, hijo del emperador pero sin las prerrogativas de sucesión. Esta extraordinaria obra se considera como la primera novela moderna japonesa —utilizo el término en el mismo sentido que se utiliza para afirmar que *El Quijote* es la primera novela moderna de Occidente—, y está tejida como una red de intrigas palaciegas, amoríos, usos y costumbres de la época, invocaciones a la naturaleza y la poesía y reflexiones acerca de la fragilidad de la existencia. Murasaki Shikibu demuestra un prodigioso dominio de las técnicas narrativas y una gran sensibilidad estética, así como un amplio conocimiento de la condición humana. Incursiona en temas inéditos, como el papel de la mujer en la sociedad de su época y el arte de novelar. Y, por añadidura, su admirable novela posee el mérito de haber sido escrita en japonés, dado que en la época el idioma chino era utilizado para la poesía, la filosofía, los textos religiosos y demás escritos de prestigio. En fin, el *Genji monogatari* es una auténtica obra maestra, a la altura de las mejores creaciones de la literatura occidental, que después de más de mil años de su publicación no cesa de fascinar a legiones de lectores.

Habrían de transcurrir más de seis siglos para que la literatura japonesa produjera un autor y unas obras que se pudieran equiparar con la genial Murasaki Shikibu y su monumental novela. Esta fortuna le correspondió a Ihara Saikaku (1642-1693). Pero, antes de referirnos a este imprescindible autor, considerado como el mejor novelista japonés de todos los tiempos, luego de la publicación del *Genji monogatari* y antes de la aparición de la moderna novela japonesa en el siglo XX, lo ubicaremos en el contexto histórico y en el tiempo que le correspondió vivir.

Con el comienzo del gobierno de los shogunes en 1185, Japón se vio envuelto en una serie de pugnas por el dominio territorial que se tradujeron en cruentas rivalidades entre los clanes de la clase guerrera. Aparte de las continuas guerras, el país estuvo sacudido por rebeliones campesinas, enfrentamientos entre las diversas sectas budistas, dos intentos de invasión por parte de las tropas de Kublai Kan y la presencia inquietante de los cristianos. Al fin, en 1600, como consecuencia del rotundo triunfo de Tokugawa Ieyasu en la histórica batalla de Sekigahara, se inició una larga época de paz y prosperidad basada en el poder absoluto de la familia Tokugawa, que se habría de prolongar hasta 1868 con el advenimiento de la Restauración Meiji. Durante un periodo de más de dos siglos y medio, Japón se encerró dentro de sus fronteras, cocinándose en su propia salsa y acentuando aún más los rasgos peculiares de su rica y refinada cultura. En este ambiente pacífico, propicio para el trabajo productivo y la diversión, floreció el comercio, aumentó considerablemente la población —se estima que para la era Genroku (1688-1704), la más próxima a Ihara Saikaku y la que mejor caracteriza la riqueza cultural de aquel entonces, Japón se acercaba a los treinta millones de habitantes— y en los tres centros urbanos principales, Edo (actual Tokio), capital del shogunato, Osaka, un importante y dinámico puerto marítimo, y Kioto, que continuaba siendo la sede venida a menos de la corte imperial, se desarrolló toda una industria alrededor de las formas de entretenimiento, teatro, danza, música, literatura, artes gráficas, casas de té, moda en los peinados y la vestimenta y sitios de placer. Sin duda, el surgimiento de una nueva clase urbana formada por los llamados *chōnin*, es decir, por los comerciantes, contribuyó a la creación de una sociedad hedonista y refinada. Hay que recordar la rígida conformación de las clases sociales japonesas, en las que los comerciantes ocupaban el lugar menos relevante, muy por debajo de los artesanos, los campesinos y los samuráis; no obstante, la prosperidad de la época los catapultó a una posición privilegiada. A pesar de que las severas enseñanzas del confucionismo eran las normas que regían la vida de los ciudadanos, en las grandes ciudades se permitía la existencia de zonas de tolerancia o barrios de placer, que con el tiempo se convirtieron en los centros de mayor atracción. Podríamos afirmar que el dinero y el amor eran los pilares fundamentales de la sociedad urbana japonesa de aquella época, ciertamente deleitable y libertina. Dentro de ese ambiente de prosperidad y existencia placentera, nació Ihara Saikaku.

Nacido como Hirayama Togo en la populosa y alegre Osaka en 1642, dentro de una pujante familia de comerciantes, Saikaku estaba destinado a ocuparse de los negocios familiares, y a ellos se dedicó sin demasiado entusiasmo durante los primeros años de su vida. Sin embargo, desde muy temprano reconoció sus dotes para la poesía, en particular el haiku, que por aquella época disfrutaba de un creciente prestigio, de tal manera que a los veinte años se le consideraba un maestro del género. Delegando sus compromisos comerciales, se consagró por entero a la escritura de haiku, y en virtud de su destreza participó en una competencia en la cual compuso unos mil trescientos en un día. Más tarde, inició una serie de maratones poéticas que culminaron con una hazaña increíble: la invención de más de veintidós mil poemas en veinticuatro horas, algo difícil de creer y que, por otra parte, más allá de una demostración circense, carecía de valor propiamente literario.

En 1675, a sus treinta y tres años, una tragedia familiar dio un vuelco inesperado a la vida de Saikaku: su joven esposa murió, y poco después su pequeña hija, ciega, pereció también. Desolado, Saikaku ingresó en una orden budista y se convirtió en un monje viajero que peregrinaría por muchos lugares, escribiendo y enseñando las técnicas del haiku, hasta su muerte dieciocho años después.

En 1682, a los cuarenta años, Saikaku sorprendió al público culto de Osaka con su primera novela, *Amores de un vividor* (*Kōshoku ichidai otoko*), una obra de carácter picaresco que da cuenta de las múltiples aventuras amorosas de una especie de don Juan Tenorio de la época. Concebida como una sátira —y, en el fondo, pienso yo, como un homenaje— del *Genji monogatari*, está estructurada en cincuenta y cuatro capítulos, los mismos que tiene la novela de Murasaki Shikibu, de los que cada uno se corresponde con un año de la vida amorosa del protagonista, que comienza a la temprana edad de ocho años y culmina a los sesenta y dos, cuando se retira a la isla de las mujeres. Esta novela de Saikaku, muy bien acogida por críticos y lectores, inauguró el género de los *ukiyo-zōshi,* relatos sobre «el mundo flotante», que describen la vida alegre de los barrios de placer de Osaka, Kioto y Edo. En general, la importancia de las obras de Saikaku radica en su profunda originalidad, en un estilo caracterizado por la precisión, la agilidad de la narración, el desparpajo, la sorpresa en los giros lingüísticos, el manejo refinado del humor, que a veces se puede confundir con sarcasmo, la habilidad para describir un personaje con una sola frase y la narración de anécdotas de diversa índole, algunas muy duras y desencantadas, que sin embargo muestran una gran vitalidad y alegría de vivir.

El tema de *Amores de un vividor* se puede resumir como una divertida y erudita indagación en las costumbres sexuales de la época, tema este que Saikaku, en parte como respuesta al enorme éxito de esta primera novela, abordaría de forma sistemática en varias de sus obras posteriores. Dentro de este género, que podríamos calificar como erótico, pues es Eros quien gobierna el destino de los personajes, encontramos las siguientes obras: *Vida de una mujer amorosa* (*Kōshoku ichidai onna,* 1686), las detalladas memorias de una cortesana desde su inicio, cuando fuera vendida para saldar una deuda de familia, hasta su decadencia, con anécdotas llenas de encanto, comicidad y desilusión. Se nota el profundo conocimiento del autor acerca de este duro oficio, ubicándolo en el ámbito de lo humano y relacionándolo con las creencias budistas acerca del karma y la reencarnación. *Cinco mujeres apasionadas* (*Kōshoku gonin onna*, 1686), considerada como su obra cumbre, reúne las historias acerca de los dramas amorosos, algunos con visos de tragedia, de cinco mujeres de la clase de los *chōnin*, con sus característicos ingredientes de celos, adulterio, lágrimas y pasión desenfrenada. Y *El gran espejo del amor entre hombres* (*Nanshoku okagami*, 1687), que describe en dos volúmenes y sin cortapisa alguna, con exquisita gracia, sutileza y elegancia, las aventuras galantes y homoeróticas de samuráis y actores de teatro, prácticas que al parecer eran comunes y toleradas en la época. Por supuesto, Saikaku se vio enfrentado a la censura, y muchas de sus obras fueron prohibidas por las autoridades, pero su fama de gran escritor logró imponerse por encima de las múltiples dificultades. Habría que agregar un factor favorable a la difusión de los escritos de Saikaku a un nivel que hoy consideraríamos como de superventas: se trata de la utilización de la imprenta para este tipo de publicaciones, que antes estaba reservada para los escritos oficiales y religiosos.

Para comprender el formidable éxito de Saikaku, es necesario ubicarlo de nuevo en el contexto histórico y cultural de su época. En Japón se suelen hacer paralelismos con el mundo occidental en un intento de explicación de ciertos fenómenos culturales. Y así, a la época de Saikaku, en particular a la gran actividad cultural que se desarrolló en Osaka, se la compara con el Siglo de Oro español. Algo hay de razonable en esta analogía. Además de la figura cimera de Ihara Saikaku, aparece en Osaka Chikamatsu Monzaemon (1653-1724), dramaturgo excepcional, considerado por la exigente crítica de su país como el Shakespeare japonés. Chikamatsu escribió numerosas obras de carácter histórico para el teatro kabuki, como *Kokusen'ya kassen* (*Las batallas de Coxinga*, 1715); sin embargo, su mayor aporte a la dramaturgia fueron las originales piezas breves denominadas *sewamono*, ideales para ser representadas en el *ningyō-jōruri* (teatro de marionetas), posteriormente llamado *bunraku*, de las cuales escribió más de un centenar. Entre las obras más recordadas de *bunraku* originales de este genial dramaturgo, están aquellas relacionadas con el *shinjū* o «doble suicidio», que llegaron a convertirse en un género independiente, destacándose *Shinjū ten no Amijima* (*Los amantes suicidas de Amijima*, 1720). Una tercera figura imprescindible de este Siglo de Oro japonés es sin duda alguna Matsuo Bashō (1644-1694), el poeta de mayor prestigio y relevancia de Japón. Aunque Bashō no se puede asociar directamente con la bulliciosa y libertina Osaka, pues estudió en Kioto y Edo y pasó casi toda su vida peregrinando por Japón, sin duda, la coincidencia generacional con Saikaku y Chikamatsu tuvo su importancia. Matsuo Bashō es el maestro indiscutible del haiku, pues logró sacarlo de una especie de juego verbal para convertirlo en una forma de expresión poética pura asociada con el espíritu zen y con la contemplación de la naturaleza. Su obra más notable es *Oku no hosomichi* (*Sendas de Oku*, 1694), de la que existe una excelente traducción al español con la participación de Octavio Paz. A estos tres grandes artistas del siglo XVII hay que agregar la relevancia de los maestros del *ukiyo-e*, la técnica xilográfica japonesa que tuvo su apogeo por aquella época en las tres grandes urbes del país. Estas estampas se convirtieron en una forma de expresión artística única en su estilo, de la cual derivó el famoso manga, que ha perdurado hasta el presente. Se considera que el pionero del *ukiyo-e* fue Hishikawa Moronobu (1618-1694), contemporáneo de Saikaku; y en las décadas siguientes y el siglo posterior destacaron Suzuki Harunobu, Torii Kiyonaga, Kitagawa Utamaro, Utagawa Kuniyoshi, Katsushika Hokusai, Utagawa Hiroshige, Utagawa Kunisada y muchos más. No menos importante para el ámbito cultural fue la participación de algunos mecenas, entre los que destaca el legendario, acaudalado y extravagante comerciante conocido como Kinokuniya, que se dedicaba a la exportación de maderas finas y mandarinas a China y controlaba las rutas navales del vigoroso intercambio comercial entre Osaka y la capital Edo. Kinokuniya, gran protector de las artes, financió la construcción de grandes teatros y apadrinó a poetas, actores, *geishas*, músicos y bailarines, convirtiéndose en un personaje clave e inolvidable en aquella época de esplendor.

La fama de Saikaku como autor de novelas eróticas ha ocultado gran parte de la obra de este magnífico escritor. De hecho, entre las pocas traducidas a los idiomas occidentales figuran las citadas más arriba. Desde la aparición de su primera novela en 1682 hasta su muerte acaecida once años después, Saikaku escribió, a menudo a un ritmo trepidante, unas veinticinco obras. Llamarlas novelas es un recurso fácil, pues, en las que conocemos por su traducción, cada obra está dividida en lo que el autor llama libros, formados por capítulos breves que narran diversos episodios unidos por una temática común. Atendiendo a estos criterios, podemos definir a Saikaku, además de por sus extraordinarias dotes de poeta y narrador, como un consumado cronista de su época. Así, por ejemplo, publicó *Cuentos de la provincia de Saikaku* (*Saikaku shokoku banashi*, 1685), una serie de relatos de origen popular, tal vez recogidos de la tradición oral durante sus peregrinaciones. Se ocupó también en *Veinte hijos desalmados* (*Honchō nijū fukō*, 1686) de la descripción de la conducta de los hijos en franca oposición a sus padres, quizá como una crítica a las rígidas normas de la época, que se basaban en la sumisión ciega de los hijos a sus progenitores.

El prestigio de nuestro autor no se debe solo a los temas de sus narraciones, sino fundamentalmente a su prosa elegante, derivada en parte de la poesía popular, lo que le otorga una cadencia musical; al uso de un lenguaje coloquial, divertido y pleno de humor; a las cualidades elípticas que le permiten enfrentar los severos códigos de conducta del confucionismo; a la sátira delicada y a su constante interés por la vida placentera de la nueva clase (los *chōnin*), surgida como consecuencia de la prosperidad económica de las tres grandes urbes de Japón, sin olvidar las penalidades de las clases más desprotegidas. Quizá el rasgo literario más destacable de la prosa de Saikaku sea su precisión, es decir, la capacidad de enunciar una serie de significados en una sola frase. Esta cualidad, deudora de su innata facilidad para la composición de haiku, seguramente hubiera hecho las delicias de Borges e Italo Calvino.

A partir de 1688, Saikaku dedicó varias novelas al tema de la vida y milagros de la nueva clase de los comerciantes, empeñados en lograr un precario equilibrio entre su existencia licenciosa, los constantes requerimientos de su familia y los ingresos de sus negocios. A este género pertenece *Este mundo astuto* (*Seken munasanyo*, 1692) —que ofrecemos aquí en traducción directa del japonés a los lectores hispanoparlantes—, una muy interesante narración compuesta por varias historias en apariencia aisladas pero conectadas con el tema del dinero, que van revelando la formación del capitalismo en Japón dentro de un ambiente urbano. Es curioso como casi dos siglos antes de Balzac (1799-1850), con sus conocidas novelas, *La señora Firmiani* (1832) y *L'Envers de l'histoire contemporaine* (1848), acerca de los abusos de la burguesía capitalista francesa, nuestro autor se adelantó con *Este mundo astuto* a un tema que aún no había llamado la atención de los novelistas de Occidente. Saikaku abordó por primera vez las formas incipientes del capitalismo, como la acuñación de monedas, la especulación, la plusvalía, los préstamos que anunciaban el advenimiento de la banca, las casas de empeño, la inflación, las subastas, los altos intereses y la creación de las llamadas letras de cambio. Y lo hizo con maestría, en un tono ligero, a veces un tanto sarcástico e incluso diríamos documental, trazando un panorama de los conflictos económicos y existenciales de los habitantes de las zonas urbanas de Japón.

«En este mundo astuto no hay nada más terrible que el encuentro con un cobrador de deudas», afirma Saikaku con convicción en su novela. A causa de los pactos comerciales que regían la economía de la época, el cobro de las deudas se concentraba al final del año, y a este tema consagró nuestro autor la mayor parte de los veinte «relatos» de esta curiosa, divertida y edificante narración. Todas las peripecias, estrategias, trucos y tonterías de las que se valen los habitantes de Osaka, Kioto, Edo, e incluso del boyante puerto de

Nagasaki, para saldar sus deudas o burlar a los obstinados cobradores son expuestos con conocimiento de causa —derivado de la condición misma del narrador— y con una extraordinaria comprensión de los sentimientos de las personas. En fin: un soberbio retrato de una época de paz y prosperidad, con una perspectiva profundamente humana.

Este mundo astuto conserva la estructura formal de las citadas «novelas» de Saikaku. Conformada por cinco «libros», cada uno de cuatro capítulos breves, la lectura se hace ágil y amena. Con su habitual destreza para la síntesis, el autor logra incluir en cada capítulo varias historias o diversas anécdotas para ilustrar su tema central: el dinero. Sin ánimo de alertar al lector acerca de los argumentos que se dispone a conocer luego de la lectura de este fatigoso y quizá prescindible prólogo, haré un vuelo rasante, a la manera de un *voyeur* que se asoma a las habitaciones de unos pocos tatamis de las damas y caballeros de la Osaka de finales del siglo XVII, para observar algunos de sus avatares:

- Sin importar que los negocios del marido estén al borde de la bancarrota, su esposa manirrota encarga para las fiestas de Fin de Año un lujoso y costosísimo kimono.
- Para poder preparar una cena digna de las festividades de Fin de Año, el descuidado marido envía a su furiosa mujer a empeñar un tesoro familiar.

- La escasez de langostas y la necesidad de presumir preparando una para la cena de Año Nuevo pone su precio por las nubes.
- Una vieja tacaña se aprovecha de la debilidad de su hijo, tan mezquino como ella, para cobrarle un interés exagerado por un dinero que él no ha tomado en préstamo.
- Una madre resignada abandona a su bebé recién nacido para emplearse como nodriza con el propósito de saldar las deudas de su marido.
- Los ancianos prestamistas se reúnen en un club para estudiar la mejor forma de desplumar a su clientela.
- Siete gatos llevados cómodamente en un palanquín.
- Una monja mendicante se ve obligada a empeñar su hábito.
- Diversos trucos para ocultarse de los tercos cobradores de deudas el fin de año.
- Matrimonios por conveniencia.
- El enredo provocado por unas letras de cambio.
- Los presuntuosos asistentes a las obras de teatro descubiertos en sus imposturas.
- Las quejas de los desheredados de una fortuna.
- Los derrochadores sin límite.
- Aquellos que se ocultan en los lugares de placer para evitar ser abordados por los pertinaces cobradores.

En fin…, un tratado ameno, audaz, divertido y cruel acerca de la relación de los humanos con el cochino dinero; un descenso a las entrañas del naciente capitalismo allá en el Japón medieval. Ihara Saikaku supo interpretar de forma magistral el espíritu de su época, es decir, la ética y la estética de los *chōnin*.

Consideramos de gran interés para la difusión de la cultura japonesa, en particular de su desconocida, extraña y fascinante literatura, la publicación en español de esta importante obra, que aportará al amplio mundo hispanohablante una nueva visión de los usos y costumbres de la sociedad japonesa del siglo XVII.

Ednodio Quintero
Mérida, Venezuela, 16 de abril de 2024

NOTA AL TEXTO

La traducción de esta obra ha sido realizada a partir del original japonés de *Seken munasanyo*『世間胸算用』, de Ihara Saikaku, que se publicó por primera vez en 1692, un año antes de la muerte del autor, y que supone la culminación del estilo genial de Saikaku en la representación de tipos y costumbres del periodo Edo. Se ha manejado la edición de Kadokawa de 1972.

La trascripción de los términos japoneses sigue el sistema Hepburn, el más empleado en la literatura orientalista y según el cual las consonantes se pronuncian como en inglés y las vocales casi igual que en español. Se han eliminado los signos diacríticos sobre las vocales largas de las palabras y homónimos japoneses cuando tal simplificación ortográfica no afecta al significado.

El significado de los términos japoneses se puede consultar en el glosario que se incluye al final de la obra.

Todas las notas al pie son de los traductores.

ESTE MUNDO ASTUTO

Relatos clásicos de deseo, traición y avaricia

El día de Fin de Año vale mil piezas de oro.

LIBRO I

I.
LAS MUJERES DERROCHADORAS DE LOS MAYORISTAS

El mundo está hecho de tal manera que la Nochevieja sea oscura. Desde los tiempos antiguos, cuando reinaban los dioses, la gente ha sido claramente consciente de esta verdad. Pero los hombres siempre descuidan sus asuntos, y cada año, a causa de sus cálculos erróneos, pasan apuros y al final se quedan sin poder hacer un balance positivo de sus negocios. Esto se debe fundamentalmente a la falta de prudencia de cada uno.

El día de Fin de Año cuesta un dineral. Es la gran frontera entre el invierno y la primavera, y nadie puede atravesarla sin pagar un costoso peaje. Es demasiado empinada para aquellos que pretenden ascender por ella llevando a cuestas una montaña de deudas, pues los obstáculos que les impiden subirla y atravesarla son sus hijos pequeños, por los que están obligados a gastar una suma considerable en relación con los medios que poseen. Cada desembolso por separado representa un monto insignificante, pero la suma acumulada en el año se hace abrumadora. En poco tiempo, se arrojarán al basurero el arco y la flecha de juguete, y la pelota de hilos pronto se convertirá en un estropajo. El mortero de juguete que se usa en el Festival de las Muñecas se romperá en un santiamén, y la espada dorada de cálamo rápidamente se desteñirá. El tambor usado en las danzas del *Obon*[1] se rajará a causa de los miles de golpes; mientras los gorriones de juguete de *Hassaku*[2], junto con las ramitas que los mantienen suspendidos, se desecharán. Además, en observancia del segundo día del Jabalí, se deben preparar los pastelitos, así como también las bolas de harina de arroz para el festival del dios de la comunidad. Luego, el primero de diciembre, se deben ofrendar las monedas para exorcizar al demonio y comprar un talismán para prevenir las pesadillas. Todas estas y otras cosas cuestan dinero y se van acumulado, de tal manera que ni el barco del tesoro ni una sola carreta pueden cargarlas todas.

Asimismo, en los últimos años casi todas las amas de casa se han vuelto unas manirrotas. A pesar de que no les falta su kimono, mandan hacer otro a la última

---

1 El *Obon* o *Bon* es una festividad japonesa de tradición budista semirreligiosa que honra a los espíritus de los antepasados.

2 Adorno que acompaña al regalo que se hace el 1 de agosto del calendario lunar para desear la buena cosecha de los cinco cereales.

moda para el Año Nuevo. Y este debe estar primorosamente elaborado: con una seda de alta calidad que cuesta cuarenta y cinco *momme*[3] de plata por medio *hiki*[4], y su teñido de mil matices delicados con diseños muy variados cuesta aún más, hasta un *ryo*[5] de oro. De esta manera se despilfarra el dinero en algo que no llama la atención y que no justifica lo que cuesta. El *obi*[6] tiene que ser de raso auténtico importado de China, de tres metros y medio de largo y setenta y cinco centímetros de ancho. ¿Por qué ponerse en la cintura una faja que vale dos piezas de plata? La peineta que corona el cabello puede costar fácilmente dos *ryo* de oro, los equivalentes a tres *koku*[7] de arroz. Las enaguas deben estar hechas con seda carmesí y se llevan por duplicado, y los *tabi*[8] blancos son de rigor.

---

3 Unidad de moneda antigua japonesa equivalente a un décimo de *ryo*.

4 Unidad de tamaño de tela; medio *hiki* equivalente a un *tan*. Un *tan* tiene el tamaño aproximado para hacer un kimono.

5 Un *ryo* equivale a diez *momme* o cuatro *bu* en la moneda antigua japonesa (ver nota 3).

6 Faja ancha y colorida que ciñe el kimono.

7 Unidad de medición de volumen; definido en su origen como la cantidad de arroz teóricamente necesaria para alimentar a una persona durante un año (unos 180 kilos). Un *koku* equivale a mil *go*.

8 Calcetines japoneses con una división en el dedo gordo para utilizar con calzado tradicional tipo sandalia o *geta*.

En los tiempos antiguos, ni las damas de los poderosísimos señores conocían semejante lujo. Si estas señoras modernas, esposas de los comerciantes, se detuvieran tan solo un momento para considerar su condición, se darían cuenta de que seguramente un castigo divino caería sobre ellas. Esto puede ser excusable hasta cierto punto para una mujer con fabulosos recursos que le permitan gastos tan excesivos; sin embargo, si su esposo comerciante está ahogado en deudas, con intereses que debe pagar de continuo, estos gastos representan un lastre del cual no puede librarse ni de día ni de noche, ni con lluvia ni con sol. La mujer, si reflexionara, sentiría vergüenza de sí misma por entregarse a tales lujos. ¿O acaso será posible que ella se empeñe en proveerse de bienes costosos con la retorcida idea de que su esposo, que está en la antesala de la quiebra, se arruine por completo? Después de todo, las posesiones de las mujeres no están sujetas a embargo: tal vez la mujer pretenda dejar sus bienes en prenda para obtener fondos para una nueva vida. No obstante, por lo general, una mujer es de pensamiento tan superficial que aun en la misma víspera de la bancarrota de su esposo anda como si nada en un lujoso palanquín, atendida por dos hombres, cada uno con una linterna, un accesorio del todo superfluo a la luz de la luna. Sus actitudes son tan vanas y fútiles como vestirse con prendas de rico brocado en plena oscuridad o tan tontas como echar agua fría en la caliente después haberse tomado la molestia de hervirla.

Desde su lugar en el altar de la casa, el difunto padre era testigo de esta sucesión de locuras. Aunque estuviese enfurecido, sería inútil amonestar a su hijo y heredero, dueño actual de la casa, porque ambos vivían en mundos totalmente diferentes. Sin embargo, se dijo a sí mismo: «El negocio de mi hijo va por mal camino; compra mercancías por valor de diez *kan*[9] y las vende por ocho. Este tipo de operaciones no conducen a ninguna parte sino a la mengua del capital. Para el fin de año es inevitable que se anuncie la subasta en la puerta de su casa. Se notificará que este local de treinta metros de fachada, con tres bodegas en el patio, se venderá al mejor postor, junto con todas las puertas y tatamis[10] (tanto los de mejor calidad como los mediocres), que cuentan con doscientos cuarenta en total, además de un barco mercante y una barca de recreo para cinco pasajeros, más una barcaza, y que la subasta tendrá lugar el día 19 del próximo mes de enero en el ayuntamiento».

9 Un *kan* equivale a cien *ryo* en la moneda antigua japonesa (ver nota 5).

10 Estera hecha de paja que cubre el piso de las habitaciones tradicionales japonesas. Se utiliza como medida de superficie. Un tatami mide aproximadamente 180 × 90 centímetros.

Así, todas las propiedades del hijo caerían en manos ajenas, lo que el padre había previsto desde el más allá con claridad y gran pesar. Asimismo, percibió que los atuendos usados para los servicios religiosos budistas también pasarían a manos de otros. Por tanto, se le apareció a su hijo en un sueño con una advertencia: «Aquel trío de tesoros de bronce es una de las reliquias de familia más queridas. Son demasiado valiosos para entregarlos a unos desconocidos. Tendré que envolverlos en una hoja de loto para llevarlos conmigo pronto al paraíso en este mes de julio, cuando enciendas el fuego de *Obon*. Después de todo, nuestro negocio, que representa una herencia ancestral, no subsistirá hasta el fin del próximo año. Cuando compraste la considerable parcela en la provincia de Tamba para sembrar arroz, eras consciente de esto, y pensaste en preparar un lugar para tu retiro, ¿no es cierto? Sin embargo, ese trato, de hecho, no fue más que una indiscreción. Si crees que eres inteligente, acuérdate de que la persona que te financia no es menos lista que tú. No habrá nada que se escape a su escrutinio, y no te quedará otra alternativa que dejar todo en manos de forasteros. En vez de valerte de un ardid tan absurdo, dedícate a recuperar el negocio. Aunque estoy muerto, hijo mío, me he revelado en este sueño tuyo porque te quiero». Así habló el difunto padre.

Pasó el sueño, amaneció la mañana del 29 de diciembre y el joven comerciante se despertó, riéndose a carcajadas en su lecho. «¡Ay! —exclamó—. ¡Ver a mi viejo padre en un sueño justo en este fin de año tan atareado! El viejo caballero sigue siendo tan avaro que aun en el otro mundo quiere que done aquel trío de tesoros de bronce al templo».

Pero, mientras pronunciaba estas palabras altaneras contra su difunto padre, los acreedores llegaron en tropel, uno tras otro. ¿Cómo habría de afrontar semejante situación?

Pues, recientemente, los comerciantes faltos de dinero han inventado un recurso llamado pagaré o letra de cambio. Cuando disponen de dinero en efectivo, lo depositan con un corredor de pagarés sin interés, con la condición de que, si se presenta una necesidad, se les pague. Es un dispositivo artero, conveniente tanto para el prestamista como para el prestatario.

Nuestro joven comerciante, con el propósito de aprovechar este nuevo sistema, a finales de noviembre también había depositado veinticinco *kan* de plata con un corredor de confianza. Cuando llegó el momento de ajustar las cuentas al final del año, entregó una letra de cambio al proveedor de arroz, otra al fabricante de telas, una tercera al mercader de pasta de soja, una cuarta al vendedor de pescado; en efecto, a todos y cada uno de los acreedores que fueron les emitió un pagaré, diciéndoles que su corredor lo cambiaría por dinero en efectivo. Pagó hasta sus deudas con la Sociedad del Culto a Kannon con un pagaré, así como también sus facturas al burdel.

Entonces, pregonando que todo había sido cancelado, se marchó al Santuario de Sumiyoshi para recogerse y pasar la última noche del año en calma. Sin embargo, en su interior nunca dejaron de agitarse grandes olas de inquietud. Tal vez, el dios de Sumiyoshi se sintiese algo incómodo al aceptar las ofrendas de semejante individuo.

Ahora, los pagarés que él había librado a cargo del corredor totalizaban ochenta *kan* de plata, cuando lo depositado apenas sumaba veinticinco *kan*. En consecuencia, el corredor anunció que, como había demasiadas letras por saldarse, ninguna sería canjeada en efectivo hasta que se hiciera el balance de todas las entradas y salidas. Mientras el corredor indagaba con más cuidado el asunto, los pagarés fueron pasando de un acreedor a otro, hasta que la confusión fue tan descomunal que nadie podía decir quién tenía qué letra. Al final, se vieron obligados a despedir el año con los pagarés no abonados en mano.

¡Así rompió el día! El alba de un Año Nuevo verdaderamente de buen augurio.

2.
LA VAINA DE UNA VIEJA LANZA EN PRENDA

Un eclipse de sol tuvo lugar el día de Año Nuevo hace sesenta y nueve años; y cuando nuevamente ese mismo día del quinto año de Genroku[11] sucedió otro, la gente asistió al más insólito amanecer de un Año Nuevo. En lo que se refiere al calendario, en el cuarto año del reino de la emperatriz Jito, se inauguró el calendario Giwo, que estaba basado en los eclipses de sol y luna. Desde entonces, la gente ha confiado en este.

Ahora, los días han transcurrido raudos, uno tras otro, atravesando de arriba abajo el calendario, hasta llegar por fin al último peldaño. Es entonces cuando la gente está tan abrumadoramente ajetreada que no se oye ni un sonido —ni una tonada— ni un tarareo. En particular, en los barrios más pobres, es necesario reñir, lavar y reparar los cimientos de las paredes al

---

11 El quinto año del período Genroku (1688-1703) corresponde a 1692.

mismo tiempo. Resulta que les falta tiempo para prepararse para el Año Nuevo. No tienen un trozo de torta de arroz, ni siquiera una sardina seca. Pobre y miserable de verdad es su existencia si se compara con aquella de la gente rica. ¿Cómo se las arreglarán para salvar los trances de fin de año estas gentes que viven hacinadas en grupos de media docena o más en las estrechas habitaciones de una casa de vecindad?

Como cada uno de ellos tiene algo que empeñar, no dan muestras de preocupación. A excepción del alquiler de la casa, que se paga al final de cada mes, están acostumbrados a comprar al contado cada día cualquier cosa necesaria para su subsistencia, como arroz, pasta y salsa de soja, leña, vinagre, sal, aceite y otros víveres por el estilo, porque nadie les venderá nada a crédito. Por lo tanto, cuando llega el fin de mes ningún acreedor los visita sin previo aviso con su libro de cuentas abierto, ni tienen nada que temer, ni se disculpan por las cuentas no pagadas. En su caso, el dicho del antiguo sabio mantiene su vigencia: «El placer se encuentra en la pobreza».

La gente que rehúsa pagar sus deudas se compara a los ladrones disfrazados en pleno día. En resumen, ya que ellos hacen solo una estimación muy aproximada del año, sin calcular sus ingresos y gastos mes por mes, la mayoría encuentra insuficientes sus ganancias para equilibrar el balance. Pero, en el caso de la gente que vive de la mano a la boca, las cosas son muy diferentes. ¿Podrían mejorar su suerte si se tomaran el trabajo de llevar las cuentas del hogar? Pues, aun en la misma Nochevieja, su vida cotidiana no difiere para nada de la del resto de los días del año. ¿Cómo les será posible en tales circunstancias celebrar el Año Nuevo? Su única expectativa, pobres tipos, está en empeñar cualquier cosa que tengan a mano por casualidad.

Por ejemplo, uno de ellos dejará en prenda un paraguas viejo, una desmotadora de algodón y una tetera, lo que le permitirá obtener un *momme* de plata para salir del apuro. Por lo que respecta al tipo que vive en la casa contigua, los artículos que podría empeñar son el *obi* de diario de su esposa (ya se las apañará con un fajín de papel), su capucha de algodón, un juego de fiambreras sin tapa, un bastidor ancho de tejer de trescientos hilos, una caja cuadrada para medir el arroz de cinco *go* y otra de un *go*, cinco platos de porcelana fabricados en Minato y un altar budista colgante con varios accesorios de servicio; con un total de veintitrés artículos podrá recibir la bonita suma de un *momme* y seis décimos en plata para sobreponerse al fin de año.

El vecino que vive al este del tipo que mencionamos más arriba es un mendigo bailarín, que durante la temporada del Año Nuevo acostumbra a cambiarse a la danza de Daikoku. Puesto que una máscara apropiada, que cuesta cinco *mon*[12], y un mazo de cartón

12 Un *mon* equivale a 1/400 *ryo* en la moneda de la época (ver nota 5).

piedra son suficientes para la estación, su sombrero, su kimono de baile y su *hakama*[13] resultan superfluos. De modo que empeña estos por dos *momme* y siete décimos, y así pasa el fin de año con tranquilidad.

En la casa de al lado del bailarín vive un *ronin*[14] buscapleitos que se viste solo con ropa de papel porque hace ya tiempo que vendió sus armas y guarniciones para comprar comida. Hasta ahora se las ha arreglado para ganarse la vida a duras penas haciendo aparejos de pesca de juguete con crines de cola de caballo. Pero, como estos ya han pasado de moda, ha caído en la miseria y no sabe qué hacer para salvar el fin de año. Finalmente, desesperado, manda a su mujer a la casa de empeños con la vieja vaina de su lanza. Sin embargo, tan pronto como el dueño de la casa de empeños la examina, este la arroja para devolvérsela a la mujer, advirtiéndole que no vale para nada. En un instante, el rostro de la mujer muda de color y en un arranque de cólera chilla: «¿Por qué tira usted mi propiedad tan valiosa? Si no quiere tomarla como prenda, ¡solo dígamelo! ¿Dice que no vale para nada? No puedo ignorar tales palabras ofensivas. Esta es la vaina de la misma lanza que mi difunto padre utilizaba cuando se distinguió tan valientemente en

---

13 Falda pantalón para kimono que se utiliza en ocasiones formales.

14 Guerrero samurái que no sirve a un amo.

ocasión de la rebelión de Ishida. Como no tenía un hijo varón, me la dejó a mí como herencia; y cuando contraje matrimonio en la época de mi vida más acomodada, esa misma lanza enfundada en esta vaina fue llevada encabezando la procesión de mi casamiento. Sus palabras ofenden y denigran la memoria de mi valiente padre, que ahora está en el cielo. Sé que soy una mujer, pero en este mismo momento estoy dispuesta a morir si hace falta. ¡Ahora voy a luchar!». Dicho y hecho, lo sujeta por la cintura con todas sus fuerzas, deshaciéndose a la vez en lágrimas. Abrumado por la sorpresa, el dueño de la casa de empeños se disculpa con toda la efusión que le es posible, pero la mujer enfadada no se apacigua tan fácilmente.

Mientras tanto, los vecinos han acudido en tropel hasta la tienda, y uno de ellos cuchichea con el dueño de la casa de empeños, aconsejándole que más le valdrá arreglar el asunto antes de que la noticia llegue a oídos del marido de la mujer, porque este es un chantajista escandaloso. Así, después de mucho ruido, se las ingenia para resolver el lío ofreciéndole trescientos *mon* en cobre más tres *sho*[15] de arroz. ¡Ay, a qué degradación ha sido sometida esta mujer! Ella, que ahora muestra su furia, fue una vez la hija consentida de un guerrero cuyo sueldo anual era de mil doscientos *koku* de arroz. Acostumbrada a vivir con elegancia en

15 Medida de volumen que equivale a diez *go* (ver nota 7).

sus mejores días, se ve ahora obligada a incurrir en un chantaje inmoral a causa de su actual pobreza. Al recordar su ilustre pasado, debe de acometerla un sentimiento de vergüenza. Solo con un ejemplo como este, ¡es manifiesto que nadie puede conformarse con morir pobre!

Bueno, de todos modos, resuelto ya el problema, la mujer recibe los trescientos *mon* de cobre y los tres *sho* de arroz. Pero el arroz sin descascarar no le servirá para el día siguiente, y ella se queja con toda la razón. «Vaya, qué suerte la suya, señora —contesta el dueño—. Por casualidad, aquí tengo un mortero. Por favor, puede usted usarlo para descascarar el arroz». ¿Este suceso no podría citarse como una buena ilustración del refrán que dice así: «Un contacto te costará trescientos *mon*»?

Al lado del *ronin* vive una mujer de unos treinta y siete o treinta y ocho años, completamente sola, pues no tiene parientes ni un hijo en quien confiar. Su esposo, según dice, murió hace algunos años, por lo que ella se hizo cortar el cabello y desde entonces siempre lleva trajes sobrios. A pesar de ello, todavía cuida su apariencia personal como antes y conserva un claro aire de elegancia, aunque no tan ostentosa. Suele pasar sus días convirtiendo el cáñamo en hilo, solo por matar el tiempo. En los primeros días de diciembre ya ha terminado sus preparativos para el Año Nuevo: sus provisiones de leña durarán hasta febrero o marzo, en el colgadero de pescados se puede ver un *buri*[16] de tamaño mediano, cinco besugos pequeños y dos bacalaos, y todo —desde los palillos laqueados y la vajilla de laca de Kii hasta las tapas de las ollas— es nuevo. Prepara los obsequios de fin de año, que consisten en un atún pequeño para el dueño de la casa, un par de *geta*[17] con correas de seda para la hija y un par de *tabi* para la esposa; mientras que a cada uno de sus compañeros inquilinos les obsequia una torta de arroz y un manojo de estropajos. De esta manera, se pasa el fin de año cumpliendo las obligaciones sociales. Cómo se gana la vida es un secreto que nadie ha podido develar.

A su lado viven un par de mujeres. La más joven tiene orejas, ojos y nariz de ninguna manera diferentes a los de otras chicas; pero, con gran tristeza para ella, aún no se ha casado. Sin embargo, cada vez que se mira en el espejo se ve obligada a preguntarse por qué nadie se fija en ella. La otra mujer, de más edad, trabajó una vez como sirvienta en una posada en la carretera de Tokaido, cerca del pueblo de Seki. Cuando trabajaba en aquel lugar, maltrataba a los jóvenes que hacían peregrinaciones secretas al Santuario de Ise y les robaba sus escasas provisiones de arroz. Pero el justo castigo

16 Pez parecido al jurel muy apreciado en invierno por su alto contenido de grasa.

17 Sandalias tradicionales japonesas, con la suela de madera y tiras para sujetar los dedos.

divino le ha llegado estando todavía en este mundo, pues ahora es una pobre monja mendicante. Pretendiendo ser piadosa, recita oraciones sin ninguna devoción. Monja en apariencia, su espíritu es el de un ogro, un auténtico lobo con piel de cordero. Es tan impía que ni siquiera se le ocurre que debería abstenerse de comer carne. Sin embargo, durante los últimos catorce o quince años, por misericordia de Buda se las ha arreglado para ganarse la vida a duras penas, tan solo por su hábito religioso hecho de cáñamo. Pues, como dice el proverbio: «Aun una cabeza de sardina brillará si alguien cree en ella». Cada mañana, cuando va y viene por las calles mendigando arroz, en promedio, recibe limosnas de dos casas por calle, lo cual significa que, para recolectar un solo *go* de arroz, tiene que visitar unas veinte casas. No puede aguardar un acopio de cinco *go* de arroz hasta que camine por lo menos cincuenta calles. Para ser una monja mendicante, ¡seguramente necesitará gozar de muy buena salud!

Por desgracia, el verano anterior sufrió una insolación que la obligó a empeñar su hábito por un *momme* y ocho décimos. Desde entonces, como no ha podido recuperarlo de ninguna manera, ha perdido su modo de ganarse la vida. Por supuesto, no deberíamos sacar la conclusión de que la gente se ha hecho menos generosa a la hora de dar limosnas por el bien de su alma en la otra vida. Pero, ahora que no posee la túnica de religiosa, no puede esperar recolectar siquiera dos *go* de arroz por día, mientras que cuando se vestía con el hábito formal solía recibir cinco *go*. «Bonzos de diciembre» reza un refrán bien conocido. Sí, especialmente en diciembre, cuando la gente está tan ocupada que se olvida hasta de los servicios en memoria de sus difuntos parientes, con razón no se preocupa por dar limosna a una monja mendicante. Así que, con solo ocho *mon* en la mano, ella tiene que salvar los trances de fin de año.

Por cierto, nadie está en mejor posición para comprender las miserias de este mundo que el ordinario dueño de una casa de empeños que hace negocios entre los menesterosos de los barrios bajos. En verdad, aun a los ojos de un espectador fortuito, es evidente que el fin de año está repleto de casos tristes y dignos de compasión.

3.
CUANDO LAS LANGOSTAS DE ISE SON TAN ESCASAS COMO LAS HOJAS ROJAS EN PRIMAVERA

Durante la temporada del Año Nuevo es costumbre decorar los hogares al estilo *horai*[18]; pero, sin las langostas de Ise para coronar la decoración, la celebración del Año Nuevo parece incompleta. Sin embargo, de vez en cuando sucede que el precio de las langostas es tan elevado que un hombre pobre o tacaño tiene que celebrar el Año Nuevo sin ellas.

Hace unos años, cuando el suministro de naranjas amargas fue muy escaso y una sola pieza llegó a costar cuatro o cinco *bu*, muchas personas las sustituyeron por naranjas bergamotas, que resultaron perfectas porque son idénticas en forma y color a las naranjas

18 Decoraciones de Año Nuevo compuestas por arroz, caquis, castañas, naranjas, algas marinas, orejas marinas, langostas, etc., que se colocan sobre helechos.

amargas. Pero, en el caso de las langostas de Ise, usar un langostino como sustituto sería como ponerse ropa prestada.

El hombre que vive en una residencia grande y tiene una reputación que sostener descubre con frecuencia que los vientos del mundo soplan con tanta violencia contra su casa que las esteras corrientes de paja son incapaces de proteger las paredes de la lluvia. Lo más natural para él es cubrirlas con un revestimiento pintado con tanino de nísperos mezclado con negro de humo. Esto no es un lujo, sino una necesidad. No gozarás de un verdadero placer sin comer, vestirte y vivir en una casa al estilo que se aviene con tus medios.

De paso, yo agregaría que muy pocos hombres tienen éxito en su negocio, sea cual fuere este, cuando cambian los métodos heredados para manejarlo y se aventuran en alguna empresa nueva. Más vale seguir los consejos de los viejos veteranos. Por muy talentoso que sea un hombre joven, le sucede con frecuencia que, al fin y al cabo, sus cálculos anticipados resultan completamente errados.

Hoy en día, las escenas del fin de año en Osaka no se asemejan a nada sino a un depósito de tesoros. Allí la gente se queja siempre de que los negocios han resultado pésimos. Sin embargo, a decir verdad, durante los últimos sesenta años nunca han tenido que tirar algo porque no se ha vendido. Hasta los molinos de piedra, que duran toda la vida y que aún pueden pasar a la posteridad, se venden tan regularmente día a día y año tras año que se corre el peligro de que los cerros de cuyas canteras se extraen puedan desaparecer con el tiempo. Si así sucede con las piedras de molino, parece muy natural que los productos propios de las estaciones, como las ofrendas para la Fiesta de *Obon* en julio, los cascos de juguete usados en la Fiesta de los Niños en mayo o los objetos necesarios para la celebración del Año Nuevo —todos ellos no duran más que unos pocos días—, deban prepararse de nuevo cada año cuando llega la respectiva estación. Los abanicos que los templos regalan a sus feligreses se arrojan a la basura sin abrirse siquiera. Nadie parece ser consciente de semejante derroche. En efecto, como malgastadora, la gente de Osaka ocupa el segundo lugar después de la de Edo[19].

Ahora bien, en ese año del que escribo, sucedió que toda la gente de la ciudad, jurando que sus decoraciones de Año Nuevo estarían incompletas sin una langosta de Ise, decidieron comprar una aunque costara mil *kan*. El resultado fue que para el día 27 o 28 de diciembre el suministro de langostas de Ise era tan escaso que en todas las pescaderías de Osaka se vendía como producto importado. Y para la Nochevieja ya no

19 Edo era el nombre de la actual ciudad de Tokio hasta 1868, año de la Restauración Meiji. Capital del shogunato del clan Tokugawa desde 1603.

se encontraba ni una de ellas a ningún precio. A lo largo de toda la playa y en todas las chozas de pescadores se podían oír las voces lastimeras de los compradores que preguntaban si tenían langostas de Ise a la venta.

En una pescadería llamada Era, ubicada en medio de la calle Bingo en Osaka, quedaba por casualidad una sola langosta de Ise. La subasta comenzó con un *momme* y medio, y finalmente alcanzó la cifra de cuatro *momme* y ocho décimos. Aun a ese exorbitante precio, el pescadero rehusó deshacerse de ella, alegando que una langosta como aquella no podía encontrarse en ningún otro lugar.

Ya que estaba más allá de las competencias que correspondían a un simple criado comprarla a un precio tan exagerado bajo su propia responsabilidad, el empleado regresó a casa a toda prisa para explicarle el caso a su patrón. Entonces el susodicho frunció el ceño y dijo: «Nunca en mi vida he comprado cosas demasiado caras. Siguiendo mi propio método, compro la leña en junio, el algodón en agosto, el arroz antes de que comience la época de la fermentación del sake y el cáñamo poco antes de la estación de *Bon*. En resumen, mi principio es comprar al contado cuando el precio sea el más bajo. La única excepción (que siempre recuerdo con arrepentimiento) la hice cuando murió mi padre: compré un ataúd al precio cotizado por el carpintero.

»No existe ninguna razón en el mundo por la que estemos obligados a celebrar la llegada del Año Nuevo con una langosta de Ise. Voy a compensar su ausencia de este año comprando dos el próximo, cuando el precio baje a solo tres *mon* por unidad. No me importa nada si, a causa de la falta de una langosta de Ise, el dios del Año Nuevo se muestra poco dispuesto a visitar mi casa. ¡No, en absoluto! No compraría una aunque rebajaran el precio a cuatro *momme*. ¡Ni aunque solo fueran cuatro *bu*!».

A pesar de la mueca de desagrado del patrón, su mujer y su hijo pensaban que no se puede de ninguna manera recibir el Año Nuevo sin una langosta de Ise. Ellos podrían permitirse el lujo de perder el prestigio del público, pero cuando el esposo de la hija les dispensara su primera visita de Año Nuevo y no viera ninguna langosta de Ise entre las decoraciones del Año Nuevo... Tal escena era simplemente inconcebible. En consecuencia, debían conseguirla a toda costa. El criado regresó a toda prisa, pero era demasiado tarde, pues otro criado de un mayorista de Imabashi ya había comprado la dichosa langosta. El precio de la subasta había sido de cinco *momme* y ocho décimos, pero, al presentir que era de mal agüero celebrar el Año Nuevo en fracciones, pagó hasta quinientos *mon*. La última langosta ya se había vendido, y las correrías del criado para encontrar alguna habían resultado infructuosas, así que no le quedó más remedio que volver a casa con las manos vacías, más triste pero más ilustrado, al darse cuenta del enorme tamaño de Osaka, y les confesó todo a su patrón y a la señora.

La señora se veía muy afligida, pero el patrón, riéndose, le dijo:

—Me inquieta la suerte de ese mayorista que compró una langosta a un precio tan exorbitante. Seguro que dentro de poco se declarará en quiebra. El asesor financiero del mayorista, que ignora las circunstancias reales, tendrá una pesadilla sin falta en la estación de vacaciones. Si la langosta es indispensable para la decoración, se me ha ocurrido una idea para crear una que se habrá de conservar más tiempo que una viva.

Enseguida encargó a un artesano elaborar una langosta de seda carmesí, que le costó solamente dos *momme* y medio.

—Mira —le dijo a su mujer—, esta será útil como juguete para el bebé aún después de que acabe la temporada. Así es como un hombre sabio hace las cosas. Un objeto que te habría costado cuatro *momme* y ocho décimos se ha obtenido por dos *momme* y medio. Y, por añadidura, puede usarse repetidas veces.

Ya que nadie cuestionó su decisión, el patrón hizo alarde de su orgullo, y todo el mundo se vio obligado a escucharlo, admitiendo la extraña sabiduría de alguien como él, capaz de acumular tanta riqueza como la que poseía.

Mientras todo esto acontecía, la anciana madre del patrón, que tenía noventa y dos años, pero que aún era capaz de ver y caminar como siempre, entró en la habitación desde su anexo posterior.

—He oído que andas alardeando del precio de una langosta —observó—. Has sido muy imprudente al no haber comprado una de antemano. Con semejante descuido, ¿cómo pretendes mantener esta tienda? Deberías recordar que siempre, poco antes de la temporada de Año Nuevo, las langostas resultan inaccesibles, no solo porque el Gran Templo en Ise y todos sus templos subordinados, incluyendo los centros temporales, requieren suministros de esta especie, sino también porque durante la estación las demandan a millones las familias de las ciudades y del campo que dan una fiesta a los dioses. ¡Y en verdad esta es una tierra de dioses! Las langostas traídas a Kioto y Osaka cada año son aquellas que sobran después de que los dioses se hayan saciado. Lo que sucede ahora es que ya tuve en cuenta todo este asunto y hacia la mitad del mes adquirí dos langostas tan frescas y naturales como recién salidas del mar. Son dos ejemplares perfectos: piensa que ni siquiera sus tentáculos se habían unido. ¿Y el precio que pagué por ellas? Solo cuatro *mon* por cada una, ¿ves?

Un aplauso de admiración recibió el anuncio de la anciana, pero alguien se atrevió a criticar su despilfarro al comprar dos langostas cuando en realidad hubiera bastado con una.

—Yo no gasto mi dinero sin ningún motivo —respondió—. Hay un hombre que cada año me obsequia con cinco manojos de bardanas[20], tres si son gruesas, y tengo que compensarlo con algo de un valor equivalente. Mi plan era devolverle el favor con una langosta, que me costó cuatro *mon*, a cambio de las bardanas, que valdrían algo así como un *momme* cada una. Por suerte, no ha venido todavía con su acostumbrado obsequio de fin de año.

»Te diré lo que voy a hacer: te dejaré una de mis langostas, pero recuerda que un negocio es un negocio aun entre madre e hijo. Si realmente deseas la langosta, tienes que enviarme cinco manojos de bardanas. No me importa quién se quede la langosta, con tal de que a cambio yo tenga mis bardanas. De todos modos, no puedes celebrar el Año Nuevo sin la langosta. No estoy hablando como una egoísta, entiéndeme. Solo me refiero al simple hecho de que dar y recibir obsequios durante los cinco días de las fiestas anuales significa que tienes que hacer con sumo cuidado los cálculos de cuanto recibes. Como compensación por lo que obtienes, tienes que ofrecer cosas que, pareciendo iguales en valor, en realidad te permitan un pequeño margen de beneficio.

»Por ejemplo, cada año los sacerdotes de Ise agasajan a nuestras familias con un talismán de la buena suerte, un conjunto de bonitos secos, una pequeña

20 *Arctium lappa*. Planta comestible y medicinal muy apreciada en Japón.

polvera, un calendario plegable y cinco manojos de algas marinas. Si haces un cálculo minucioso de su valor, verás como llega más o menos a dos *momme* y ocho décimos. Ahora, de nuestra parte siempre solíamos ofrecer tres *momme*, lo que significaba que la diferencia de dos *bu* de más representaba un beneficio para el Gran Templo de Ise. Durante treinta años, esta fue nuestra costumbre, pero, desde que te convertiste en el patrón de esta casa, cada año has ofrecido una pieza de plata. ¡Eso es exorbitante! Si bien es un acto de devoción. Porque los mismos dioses del templo mirarán con el ceño fruncido a los que gastan su dinero sin debida consideración. Toma como ejemplo la moneda que se usa como limosna, llamada ojo de paloma. Al contrario de lo que mucha gente piensa, un *kan* de estas monedas redondas de plomo con un agujero en el centro vale en realidad seiscientos *mon*. Podemos afirmar en consecuencia que los mismos dioses se preocupan de que las peregrinaciones se hagan con la conveniente economía.

»Se mire como se mire, el mundo entero está lleno de codicia. De los ciento veinte templos subordinados de Ise, los dos que disfrutan de las ofrendas más ricas son los de Ebisu y Daikoku. Taga es el dios de la longevidad; Sumiyoshi, el guardián de los barqueros; e Izumo, la deidad de los mediadores en los casamientos. Kagami hace, desde luego, que las chicas se vean bonitas; mientras que Sanno es el jefe de veintiuna deidades menores.

Inari es el dios que procura que las propiedades no se esfumen de las familias, o al menos así lo proclaman los «gorriones» del templo, aquellos secuaces de diversos dioses, movidos por intereses mercantiles, que gorjean alabanzas de sus templos a los visitantes. Pero no se preocupen. Como todos son dioses que poseen algunos atributos halagadores, las personas les brindan sus ofrendas. Pero ante los templos de los otros dioses cuelga un paño mortuorio de una solemne soledad. En vista del hecho de que vivimos en una era en la cual incluso los dioses son incapaces de obtener dinero sin esforzarse, resulta evidente que los seres humanos nunca debemos andar desprevenidos.

»Es una costumbre de los sacerdotes del Gran Templo de Ise enviar saludos de Año Nuevo a sus fieles de todas partes. Como esto exige escribir una gran cantidad de cartas, se emplean calígrafos especializados, a los que se paga un *mon* por carta. Desde el primer día del Año Nuevo hasta el próximo, se ocupan de escribir las mismas cartas, repetidas veces, pero nunca ganan más de doscientos *mon* por día. ¿Por qué se dedican a semejante ocupación? Debido a la prosperidad perpetua que emana de la virtud divina, por la paz de los ciudadanos, por devoción y, por último pero no menos importante, para ganarse la vida.

4.
EL RATÓN MENSAJERO

En otro tiempo vivía un hombre cuya práctica invariable era limpiar su casa cada 13 de diciembre. Del templo de la familia recibía doce varas de bambú enano. Él prefería el número doce porque es de buena suerte, pues simboliza los meses del año; cualquier cosa relacionada con una oportunidad propicia como el fin de año debe estar asociada con un número de buen augurio. Después de usar las varas para limpiar alrededor de la casa, las empleaba para reforzar su techo de paja. En lo que se refería a las ramitas, las ataba a la escoba, asegurándose así de que ninguna parte del afortunado bambú se desechara por ser inútil.

Tal era el invariable hábito de este compadre sobrio y ahorrativo. Pero sucedió en una ocasión, cuando estaba sumamente ocupado el 13 de diciembre, que aplazó la limpieza de su casa hasta la Nochevieja, preparando al mismo tiempo el baño caliente por primera y última vez en el año.

Esto tenía que ver con el hecho de que acostumbraba a utilizar las hojas de bambú de los desechos del *chimaki*[21] de mayo, las hojas de loto sobrantes de la temporada de *Bon* y varias otras que había guardado para usarlas como combustible para calentar el baño. En su opinión, no había necesidad de utilizar un tipo particular de combustible, siempre y cuando calentara el agua del baño. Ya que no quería ser en absoluto un despilfarrador, era escrupuloso en extremo, incluso con los asuntos más insignificantes.

Su anciana madre vivía en un cuarto aislado, construido exprofeso en la parte trasera de la casa, y, como era de suponerse de aquella mujer que había parido semejante tacaño, era tan cicatera como lo podía ser. Como también iba a añadir combustible al fogón del baño, arrojando una *geta* laqueada, se acordó de su pasado. «El par de *geta* del que esta formaba parte —se dijo mientras suspiraba de modo que se podía oír desde cierta distancia— fue traído a esta casa en mi baúl nupcial cuando me casé a la edad de dieciocho años. Desde entonces, las he calzado todos los días, con lluvia o con nieve. Aunque los dos tacones que soportan la suela principal se han gastado, estuvieron en buenas condiciones durante los últimos cincuenta

21 Plato elaborado con arroz glutinoso y diferentes rellenos envuelto en hojas de bambú.

y tres años. Yo esperaba que duraran hasta mi muerte, pero, con gran pesar para mí, una de ellas se la llevó el otro día un perro vagabundo. Esta *geta* suelta está incompleta, y hoy no tengo más remedio que usarla como combustible».

Quejándose así repetidas veces, echó la *geta* desparejada al fogón del baño. Pero este acto le trajo penosos recuerdos de otro suceso lamentable. Así, otra vez comenzó a derramar lágrimas, deplorando que el tiempo vuela. «El primer aniversario se cumplirá mañana —gimió—, para ponerme triste nuevamente».

Un médico que vivía en su vecindad por casualidad estaba tomando un baño.

—Deja de lamentarte —le dijo alzando la voz—. El fin de año es una oportunidad para un buen augurio. A propósito, ¿quién murió hace un año?, ¿a quién le vas a celebrar el primer aniversario? —preguntó.

—Soy una vieja tonta —respondió la anciana—, pero cuando algún ser humano muere no me acongojo tanto por él, pues tarde o temprano todo el mundo tiene que morir. Lo que realmente me entristece es lo siguiente: el último día del año, mi hermana de Sakai me hizo una visita de Año Nuevo y me trajo un obsequio en dinero. Me sentí tan feliz que lo puse en el anaquel dedicado al dios del Año Nuevo; pero esa misma noche lo robaron. Algún intruso pudo haberlo cogido. Cuando todas mis oraciones, formuladas en primer lugar a este dios y luego a otros, resultaron en vano, acudí a un anacoreta, un *yamabushi*[22], para que hiciera una predicción. Este afirmó que, si el papel sagrado en el altar temblaba y la luz sagrada se iba apagando paulatinamente, eso significaba que el dinero perdido volvería dentro de siete días. Ciertamente, el papel comenzó a temblar y la luz se apagó. Quedé muy conmovida por esta manifestación de la divinidad, lo que me pareció una prueba de que el mundo no está todavía degenerado por completo. Por lo tanto, le pagué al *yamabushi* la suma de ciento veinte *mon*. Después esperé siete días, pero el dinero nunca apareció.

»Esta historia se la conté a una persona, y me dijo que aquello que yo había hecho era lo mismo que tirar el dinero bueno después del malo. "Hoy en día —me advirtió—, existen los llamados falsos *yamabushi*. Por ejemplo, colocan diversos artilugios bajo el altar, por medio de los cuales pueden hacer bailar a las muñecas de papel la danza de Tosa. No es algo nuevo, de ninguna manera —continuó—, originalmente, lo escenificó un prestidigitador conocido por el nombre de Matsuda. Aunque hoy en día las personas son más sofisticadas, por esa misma razón caen fácilmente en las trampas más sencillas. El temblor del papel sagrado —continuó— se produce por las *lochas*, que son unos pececillos largos y delgados, ocultas en

22 Eremita de la secta budista Shingon asociado con prácticas esotéricas.

un tarro colocado en el pedestal, sobre el cual está pegado el papel. El falso *yamabushi* frota su rosario y pronuncia unas palabras mágicas, al tiempo que golpea con ímpetu el altar con un palo sagrado. Este alboroto asusta tanto a las *lochas* que comienzan a saltar arriba y abajo. Cuando en estos movimientos alcanzan a tocar el papel sagrado, lo hacen temblar, infundiendo temor a aquellos que no conocen el truco. En lo que se refiere a la luz, en el pedestal está instalado un dispositivo parecido a un reloj de arena que corta el suministro de aceite y apaga la luz".

»Cuando escuché el relato de aquel hombre —deploraba la vieja—, de repente me di cuenta de que había sufrido una pérdida tras otra. Hasta entonces, en mi vida no había perdido ni siquiera un *mon*. Pero ahora, en esta misma Nochevieja, veo que mis cálculos han fallado por completo. Puesto que mi dinero sigue aún perdido, todo me parece oscuro y tengo que recibir el Año Nuevo con un espíritu turbio.

Al contar esto, la mujer se echó a llorar de forma tan desenfrenada que tanto los sirvientes como su familia entera quedaron desconcertados. Además, se molestaron porque ella los tenía como sospechosos del robo, y juraron en nombre de diferentes dioses que eran completamente inocentes.

Mientras tanto, la limpieza de la casa casi terminaba, pero, cuando los sirvientes revisaban el desván, uno de ellos descubrió algo envuelto en un papel de

Sugihara. Era el mismo dinero que la vieja había estado buscando por tanto tiempo.

—¿Ve usted? —le dijeron—. Aquello que no ha sido robado forzosamente tiene que aparecer tarde o temprano. ¡Caramba! ¡Qué ratón tan malicioso es ese!

Pero la vieja mujer no se calmó con tanta facilidad. Golpeando las esteras con los puños, gritó a viva voz que en su vida había visto u oído de un ratón que pudiera llevarse algo tan lejos.

—Creo que debe de ser un ratón de dos piernas —insistió—. Ahora tendré que vigilar con mucho cuidado.

Justo en ese momento, el médico, que había terminado su baño, se acercó y le dijo:

—Me parece que hay algunos precedentes antiguos que se pueden aplicar a este caso. Por ejemplo, en la Nochevieja del primer año de Taika[23], en el reino del 37.° emperador, Kotoku, la residencia imperial fue trasladada de Okamoto en Yamato a Nagara-Toyosaki en Naniwa. Al mismo tiempo, los ratones de Yamato también se trasladaron. Lo fascinante es que ellos llevaron consigo sus enseres domésticos: algodón viejo para ocultar sus hoyos, colchonetas de papel para protegerse de la mirada de los halcones, bolsas con amuletos para mantenerse a distancia de los gatos, estacas

23 El primer año de la era Taika (645-650) corresponde al 645.

puntiagudas para bloquear el paso de las comadrejas, palos para apuntalar las ratoneras abiertas, tablas para apagar las lumbres, palancas que se usan al transportar el bonito seco, orejas marinas desecadas para las bodas, cabezas de sardinas secas y sacos de arroz roto para usar en la peregrinación a Kumano; todas estas cosas las llevaron en su hocico durante el trayecto de dos días del viaje. ¡Qué sencillo sería, pues, para este ratón llevar su dinero a través de una distancia tan corta como esa, desde la casita anexa hasta la casa principal!

De esta manera, el buen médico intentó apaciguarla, pero sus citas eruditas de crónicas antiguas resultaron en vano. La vieja continuó insistiendo en que no se dejaría convencer con meras palabras, por muy hábiles que pudieran ser, y afirmó que necesitaba ver alguna evidencia concreta con sus propios ojos.

Todos se quedaron perplejos sin saber qué hacer, pero al fin se acordaron de que un tal Tobei tenía un ratón que había sido entrenado por Nagasaki Mizuemon para que hiciera una serie de trucos. Así que lo llamaron, y cuando llegó le pidieron a la vieja mujer que observara al ratón realizando sus trucos. Cuando Tobei le dijo al ratón que un chico deseaba que hiciera entrega de una carta de amor por parte de él, el ratón recogió el sobre sellado con su hocico, miró a su alrededor y luego lo colocó en la manga del kimono de una chica que por casualidad se encontraba allí. Después, Tobei le tiró una moneda de un *mon*, ordenándole que fuera a comprar una torta de arroz. Salió enseguida, encontró la torta de arroz y volvió con ella, habiendo dejado la moneda en su lugar.

—Ahora estás convencida, ¿verdad? —le dijeron a la mujer.

—Bueno —contestó—, ahora que he visto una demostración fehaciente, no negaré que un ratón pudo haberse llevado mi dinero. Pero mis sospechas no se han disipado por completo. Es realmente una desgracia que mi hijo haya dejado que un ratón de uñas largas permanezca en su casa. Por un descuido suyo, mi dinero permaneció oculto durante un año entero sin ninguna utilidad; en consecuencia, debe abonarme al menos los intereses correspondientes al período que estuvo perdido.

Así, en Nochevieja, con un pretexto como ese, la vieja obtuvo a la fuerza de su frugal hijo los intereses de su dinero a la tasa del quince por ciento. Luego, murmurando que ahora sí se hallaba de buen humor para celebrar la llegada del Año Nuevo, se encaminó hacia su cama solitaria.

LIBRO II

I.
EL CLUB DE UN *MOMME*

Cuando un hombre se hace rico, la gente siempre dice que es afortunado. Pero esta no es más que una expresión convencional, pues en realidad se hace rico y su casa prospera a causa de su talento y previsión. Ni siquiera Ebisu, el dios de la riqueza, es capaz de ejercer su poder a voluntad sobre los ricos.

Sea como fuere, nuestros acaudalados mercaderes, para quienes la discusión acerca de un préstamo pendiente para un señor feudal es un pasatiempo mucho más satisfactorio que emborracharse o cualquier otra forma de diversión, han organizado recientemente el Club Daikoku. Rehuyendo alguna cita en los barrios de placer, se reúnen en un cuarto reservado del templo budista en Shitadera, Ikudama. Allí se encuentran una vez al mes para discutir las condiciones financieras de cada solicitante de un préstamo. Aunque a ellos, ancianos todos, ya no les quedan muchos años de vida, se deleitan tan solo por acumular intereses y aumentar su capital, desatendiendo por completo cualquier preocupación acerca de su futuro. Si bien es cierto que no hay nada tan deseable como la abundancia de dinero, el modo más apropiado de vivir en este mundo para una persona debería ser el siguiente: en su juventud y hasta la edad de veinticinco, permanecer alerta; a la edad viril de los treinta y cinco, ganar mucho dinero; a los discretos cincuenta años, afianzar la casa; y al fin, a sus sesenta —el año anterior a su sexagésimo primer cumpleaños—, hacer entrega de todos sus negocios a su hijo mayor. De ahí en adelante, será conveniente para él retirarse de sus asuntos activos y dedicar el resto de su vida a visitar los templos por el bien de su alma.

Sin embargo, estos ricos comerciantes del Club Daikoku, que ya han sobrepasado una edad en la cual lo más respetable sería pasar sus días visitando templos, continúan viviendo en medio de un mundo avaro, olvidados por completo del camino de Buda. Cada uno de ellos es propietario de dos mil *kan* o más, pero cuando mueran todas sus propiedades permanecerán en este mundo. No podrían llevarse nada consigo —excepto una mortaja— aunque poseyeran diez mil *kan*.

En años recientes, otro grupo menos adinerado —veintiocho miembros en total—, que por sus propios esfuerzos acumularon una pequeña fortuna, desde tan solo doscientos o trescientos hasta quinientos *kan*, han formado el Club de Un *Momme*. Ellos no cuentan con un lugar fijo para sus reuniones, pero dondequiera que se reúnan no ordenan más que un plato que cuesta apenas un *momme* (de ahí el nombre del club). No se sirven sake en las comidas, aunque no todos son abstemios. ¡Qué exageradamente prudentes son para cuidar su dinero aun en los momentos de diversión!

Desde la mañana hasta la noche, estos sujetos no hablan más que de dinero. En particular, escudriñan la vida y milagros de este o aquel comerciante para decidir si será seguro otorgarle algún préstamo y así nunca mantener ocioso su dinero. Han acumulado su fortuna actuando como prestamistas y alimentándose de los intereses. En verdad, no hay negocio más provechoso que prestar dinero. No obstante, hoy día podemos encontrar numerosos comerciantes que muestran una próspera fachada cuando en realidad están en apuros. Sucede con frecuencia que cuando tales comerciantes han obtenido un préstamo y se declaran adrede en bancarrota ocasionan pérdidas cuantiosas, dolorosas e imprevistas a sus asesores financieros. A pesar de eso, estos tipos adinerados no podrían tratarlos con arrogancia ni mostrar además su desconfianza para negarse a otorgarles algún préstamo.

—Ya que esa es la situación —hablan entre ellos—, vamos a averiguar lo mejor que podamos las condiciones financieras de cada solicitante y así reunir la información necesaria antes de decidir a quiénes conceder los préstamos. Y como entre todos hemos acordado semejante procedimiento, no vamos a adelantarnos uno a otro.

—Entonces, ahora, solo para nuestra información —sugiere uno de los miembros del club—, antes que nada, vamos a hacer una lista de todos aquellos a los que hemos otorgado algún préstamo.

A lo cual, varios contestan:

—¡Magnífica idea!

—Ante todo —sugiere otro—, vamos a considerar a Fulano de Tal, aquel comerciante de Kitahama. En total, sus bienes e inmuebles valen probablemente unos setecientos *kan*.

—¡Oh, no! —protesta un tercero—. Usted está totalmente equivocado. Por casualidad, me han informado de que tiene deudas pendientes por un total de ochocientos cincuenta *kan*.

De manera tal que los presentes, asombrados por la existencia de una discrepancia tan amplia entre las dos personas que han expresado su opinión, demandan una investigación más rigurosa y piden más detalles.

—La razón por la que yo creo que es un tipo adinerado —se ofrece uno de los presentes— es la siguiente: en noviembre del año pasado, su hija se casó con un comerciante que vive en Sakai. El desfile nupcial se extendió a lo largo de todo Imamiya hasta la farmacia de Fuji-no-maru, en la calle Nagamachi. Y eso no es todo. A la larga procesión la siguieron cinco baúles, transportados por hombres muy altos y sostenidos por palos de bambú verde. Cada baúl contenía diez *kan* de plata. Parecía más bien la procesión del festival de un santuario.

Además de la hija, este comerciante tiene varios hijos. Si no fuera rico, me imagino que no hubiera podido darle una dote de cincuenta *kan*. Por tanto, el pasado mes de marzo lo exhorté a que aceptara un préstamo de veinte *kan*, a lo que accedió, aunque al principio se mostró un tanto renuente.

Entonces habla otro de los miembros del Club de Un *Momme*:

—¡Pero qué lástima! Me temo que de esos veinte *kan* apenas le devolverán un *kan* y seiscientos *mon*.

Al escucharlo, el aludido se pone pálido, detiene sus palillos a mitad del camino hacia la boca y su nerviosismo le impide continuar sorbiendo su sopa de pescado y verduras.

—¡Qué noticias tan tristes escucho hoy! —grita, y las lágrimas le empiezan a brotar aun antes de conocer los detalles de la infausta información—. Por favor —suplica con un hilo de voz—, ¡cuéntenme todo sobre este penoso asunto!

—Bueno —contesta el otro—, el padre de la novia necesita tan desesperadamente los fondos que está dispuesto a pagar la misma alta tasa de interés que pagan los productores de teatro. ¿Conoce usted algún otro negocio fuera del teatro que permita pagar unas tasas tan exorbitantes y aun así permanecer solvente? En cuanto a los benditos cofres de diez *kan* de plata que vio usted en el desfile nupcial, pudieron incluso haberse duplicado, con la ayuda de accesorios metálicos, por más o menos tres *momme* y medio cada uno. Probablemente, los cinco cofres no cuestan más de diecisiete *momme* y medio. Incluso podrían haber llevado piedras o tejas rotas dentro, o cualquier otra cosa vieja que pese lo suficiente. No hay nada peor que la depravación humana. Presumo que aquellos cinco cofres representaron un esfuerzo por parte de ambas casas para engañar al mundo respecto a su verdadera condición financiera. Por lo que a mí respecta, aunque los hubiese abierto y encontrado dentro plata de verdad, aun así no lo hubiera creído. Doscientas piezas de plata es una cantidad desmesurada como dote para la hija de un mercader que no tiene más dinero del que tiene. Sin tomar en cuenta el valor del resto del ajuar de la novia, yo diría que una dote de cinco *kan* sería más que suficiente. ¿Qué piensan ustedes de mi estimación? Lo mejor sería concederle un préstamo de, digamos, dos *kan* para uno o dos años, como una especie de prueba. Si se demuestra que el préstamo es seguro, entonces podríamos ofrecerle otro por cuatro o cinco *kan* para un período de cuatro o seis años. Considero que, hasta que no tengamos evidencias claras de que es un tipo solvente y confiable, un préstamo de veinte *kan* resulta demasiado arriesgado.

Todos los ahí reunidos expresan su aprobación. Pero el tipo que ya ha concedido el préstamo de veinte *kan*, completamente convencido de los argumentos del miembro más experimentado del club, se ha quedado tan abatido que al final de la reunión apenas puede ponerse en pie. Suspirando, dice:

—En toda mi vida nunca había juzgado mal el estado financiero de una persona, pero debo admitir que en esta ocasión me he equivocado por completo.

Con lágrimas en los ojos pregunta cómo podría recuperar su préstamo.

—Existe solo una manera cierta y segura para recuperar su dinero —responde el astuto individuo que lo ha persuadido de su error—. Y por más que se devane los sesos durante mil días con sus noches no se le ocurrirá ninguna mejor. Si usted me obsequia un *hiki* de seda de primera, le diré cómo puede hacerlo.

—Es usted muy amable. Con mucho gusto aceptaré su oferta —contesta el afligido sujeto cuyo juicio ha resultado tan infeliz—. Además, para mostrarle mi gratitud, agregaré el algodón que va dentro. Por favor, revéleme el secreto.

—Ante todo —contesta el tipo sagaz—, tiene usted que cultivar sus conocimientos más estrechamente. Por suerte, el Festival de los Barcos de Temma se celebra no muy lejos de la casa de esa persona. El próximo día 25, día del festival, envíe a su mujer para que lo contemple desde las gradas de la playa. Instrúyala para que entable una conversación fortuita con la mujer del deudor acerca de varios asuntos de la casa, y que procure pasar un día agradable con ella. Más tarde, desde luego, por cortesía le serán presentados los hijos a su mujer. Cuando los vea, ella debe alabar al segundo hijo por su hermosura, diciendo algo como esto: «Oh, ¡qué ojos tan plenos de inteligencia tiene su hijo, tan brillantes y chispeantes! Perdone mi rudeza, pero lo menos que puedo decir es que este hijo suyo es como un pavo real nacido de un ruiseñor. En verdad es una joya de joven. No pretendo ser en exceso persuasiva, pero quisiera tenerlo como yerno, y lo digo con toda seriedad. Mi propia hija, aunque su madre es obviamente una persona muy ordinaria, tiene una apariencia buena. Además, como es hija única, su padre siempre ha dicho que le dará una dote de cincuenta *kan* cuando se case. Por mi parte, poseo trescientos cincuenta *ryo* para mi uso personal. Y aquella casa de la esquina en Nagabori debe de valer por lo menos veinticinco *kan*. Ah, y se me había olvidado mencionar los sesenta y cinco juegos de kimonos, resplandecientes como recién hechos. Ella es la única persona que con seguridad los heredará en el futuro. ¡Cómo me gustaría que este hermoso hijo suyo fuese el esposo de mi hija!».

»Mientras que su mujer esté hablando de esta manera, debe dirigir su mirada anhelante todo el tiempo hacia el hijo. Hasta aquí el primer paso. Luego, de vez en cuando, usted debe enviarle algún que otro obsequio al comerciante. Ya que él le corresponderá con objetos de valor parecido, no tema perder nada mediante esta estrategia. Entonces, en el momento propicio, debe usted invitar al hijo a ir a su oficina para ayudar a su dependiente a contar su dinero en efectivo. Déjelo trabajar codo con codo con el dependiente, que pese las monedas en las balanzas y las cuente, que ponga su rúbrica sobre ellas y las guarde en sus bodegas. Manténgalo en este trabajo todo un día. Después de eso, escoja alguna persona adecuada que esté de una u otra manera conectada con el padre del chico e invítela en privado a su casa. Cuando esa persona acuda, dígale algo como lo siguiente: "Mi mujer se muere de ganas de tener al segundo hijo de aquel señor —refiriéndose, claro, al comerciante de marras— como su yerno, aunque, a decir verdad, no sé exactamente qué es lo que tanto le ve de atractivo. No es nada urgente, pero, cuando usted tenga tiempo, ¿no podría sondearlo para comprobar si está interesado en tener a mi hija como la esposa de su segundo hijo? Seré muy franco con usted. Permítame confesarle que, sin importar con quién se case mi hija, ella tendrá una dote de mil piezas de plata".

»Más adelante, en el momento oportuno, cuando considere que ha transcurrido el tiempo suficiente para que el mensaje haya llegado a oídos del susodicho, avísele de que usted desea liquidar su préstamo. Sin duda alguna, el tipo hará todo lo que pueda para reembolsárselo, ya que su amor al dinero no le dejará pasar la oportunidad de darle la bienvenida a su casa a una novia con una dote tan generosa. No hay ninguna otra alternativa mejor que esta que pueda funcionar con eficacia.

Tal es la esencia del consejo dado por el perspicaz miembro del Club de Un *Momme* a su compañero; luego, todos los integrantes del club se despiden.

La Nochevieja de ese mismo año, el hombre que había prestado dinero al comerciante se acerca a aquel que le aconsejó sobre el mejor método para recuperar su préstamo. Desplegando una amplia sonrisa, le dedica una profunda reverencia al tiempo que se golpea la frente con su abanico y le dice:

—¡Gracias, gracias, gracias! Todo se lo debo a sus buenos consejos, pues precisamente hace unos días recibí no solo el capital de mi préstamo, sino también los intereses. Entre nosotros, los prestamistas, una persona tan ingeniosa como usted es de verdad una joya rara.

Luego, cuando se levanta para despedirse, le dice:

—Recuerdo que cuando usted me dio aquel valioso consejo le prometí un *hiki* de seda. Por favor, le ruego que me disculpe... —Diciendo esto, le pone delante dos *tan* de tela barata hecha en Shiraishi y se marcha tan campante, soltando una frase final—: En lo que se refiere al algodón, hablaremos la próxima primavera.

2.
SALE CARO MENTIR CUANDO TE ESCONDES

Todo el mundo mantiene sus cejas afeitadas y su cabello bien peinado y se viste con sus mejores galas para celebrar las fiestas. En apariencia, predomina por todo el país un ambiente festivo, acorde con la llegada del Año Nuevo. Pero, en realidad, no todo el mundo lo recibe exactamente de la misma manera.

Les daré un ejemplo. Un hombre que se encontraba en grandes apuros tomó la temeraria decisión de no pagar ninguna de sus cuentas. En Nochevieja, tan pronto como terminó su desayuno, se puso su *haori*[24] y, armado con su espada corta, se preparó para desaparecer por un tiempo. En un esfuerzo por apaciguar a su mujer, le dijo:

—Tienes que aprender que la cosa más importante sobre todas las demás es la perseverancia. Llegará el

24 Especie de kimono tradicional parecido a una chaqueta que llega hasta las caderas.

tiempo —continuó— cuando nuestras circunstancias mejoren, y entonces podrás montar en un palanquín. Recuerda que todavía quedan restos de la carne de pato de la cena de ayer. Caliéntala, sazónala con sake y cómetela. Cuando se presenten los recaudadores de deudas, dales todo el dinero que haya en casa. Pero ¡cuidado! Aparta un *kan* para tu juego de la tómbola. Cuando te quedes sin nada de dinero, deja las cosas en manos de los dioses y acuéstate en la cama, dándoles la espalda a los acreedores.

Hablando de esta manera, el tipo salió de casa a toda prisa. ¿Acaso es de extrañar que el individuo aquel hubiera quebrado? Viendo decrecer sus fondos día a día, no encontró la manera de dar con un plan para mejorar su situación. ¡Ay de la mujer de tal sujeto! Ella se vio de pronto envejecida sin haber sido madre todavía. Precisamente ese día, cuando cada *mon* contaba, el hombre puso dos o tres monedas de un *bu* y casi treinta *momme* de plata en su bolsa y salió rumbo a una taberna que no había visitado antes.

—Oh —le dijo a la dueña al entrar en la taberna—, usted no ha liquidado las cuentas todavía, ¿verdad? Fíjese en ese montón de facturas dispersas como mil cartas. Yo diría que todas ellas deben sumar dos o tres *kan*. Bueno, ya se sabe que cada casa tiene sus propios gastos —continuó de manera frívola—. Pues al vendedor de telas, solo por nombrar a uno, tengo que pagarle seis *kan* y medio. ¡Pobre del hombre cuya mujer es una derrochadora sin remedio! En verdad, para mí sería mucho mejor divorciarme y gastar lo que me quede manteniendo a otra mujer. Sin embargo, por desgracia, no puedo hacerlo, porque mi mujer se quedó embarazada el pasado mes de marzo y precisamente esta mañana de Nochevieja le han comenzado los dolores de parto. Dicen que el bebé nacerá hoy, pero aun antes de su nacimiento ya se están haciendo un lío con la selección de los pañales. Llamaron al aya. Vinieron tres o cuatro comadronas. Luego vendrá el mago de la familia para exorcizar al infante aún no nacido, cambiándolo de niña a niño. Además de eso, tienen que preparar una muñequera, una concha de cauri y un caballito de mar para su mano izquierda. El médico de la familia está ocupado en la habitación contigua hirviendo algunas hierbas que facilitarán el nacimiento. Incluso tienen listos unos tallos de hongos, sabrán los dioses para qué. Lo peor de todo es que ha llegado mi suegra y está metiendo sus narices en todos lados, sin percatarse de si es bienvenida o no. ¡Qué escándalo! Sin embargo, por fortuna para mí, dicen que mi presencia en casa no es propicia, y por esa razón entré aquí de improviso para pasar el tiempo. Como usted no ha tenido nunca noticias de mi buena fortuna, me temo que piense que estoy en su taberna con el propósito de escapar de los cobradores de cuentas, por tratarse de la Nochevieja. Pero, créame, soy un hombre que no le debe nada a nadie en este barrio. ¿Le molesta si me quedo aquí hasta que nazca el bebé? Le pagaré al contado. A propósito, aquel pescado que está en el colgadero es demasiado pequeño. No puede ser. Aquí tiene, más vale que salga a comprar otro más grande ahora mismo.

Diciendo esto, el cliente arrojó una moneda de oro de un *bu*, lo que satisfizo enormemente a la señora, que esbozó una sonrisa encantadora.

—¡Qué buena suerte! —exclamó—. Voy a guardar esto en secreto de mi esposo y me compraré un *obi* para cumplir mi deseo desde hace tantos años. Es de verdad una gran suerte el tener un cliente tan generoso como usted en Nochevieja. Creo que se trata de un augurio seguro de que disfrutaremos de la mejor fortuna el año que viene. A propósito, usted es una persona demasiado refinada para quedarse aquí en la cocina. ¿Por qué no se traslada al salón principal? —le sugirió dulcemente.

—Bueno, muy bien —respondió el aludido—. Pero recuerde que tengo un gusto muy particular para la comida; en fin, un gusto muy diferente al de otras personas.

Era de una comicidad caricaturesca observar como la señora sacaba sake de un barril especial y lo ponía a calentar para el recién llegado. Luego esta arrojó su horquilla al suelo para la adivinación por medio del tatami, y contó el número de costuras desde el lugar donde había caído la horquilla hasta el borde del tatami para ver si era par o impar. Tres veces llevó a cabo la prueba, y el resultado fue siempre el mismo, indicando que ciertamente el bebé sería un niño. Y así, de esta manera, la predicción de la señora y el engaño del cliente coincidieron a la perfección.

El tararear una canción popular el fin de año con acompañamiento de *shamisen*[25] tocado por una mujer, haciendo caso omiso de la conveniencia de los vecinos, es una forma de diversión permitida solamente en los barrios autorizados. De acuerdo con la letra de la canción titulada *Llevando una vida de lamentos*, la mayoría de las personas de este mundo, con una pesada carga de ansiedad en sus almas, llegan al último día del año y descubren que este es un día demasiado largo. Las personas comunes lamentan el veloz transcurrir del tiempo, pero este día en particular resulta ser una excepción. Cuando al fin llega tan ansiada fecha, la gente desea precisamente lo contrario.

La anfitriona, que había sido llamada al mesón para satisfacer al cliente, fingía estar muy alegre como parte de su trabajo. Aunque no se sentía para nada feliz, habló con una amplia sonrisa en el rostro:

—¡Qué pena que los años vuelen uno tras otro! —dijo—. En otro tiempo, la llegada del Año Nuevo era para mí motivo de regocijo, pues podía jugar a la raqueta y al volante, pero ahora tengo diecinueve años.

---

25 Instrumento musical tradicional japonés de tres cuerdas compuesto por una caja semicuadrada cubierta de piel.

Ya pronto tendré que zurcir los rotos en las mangas de mi kimono y recibiré el tratamiento de «señora».

Por desgracia para la anfitriona, el cliente tenía buena memoria y le habló de esta manera:

—La última vez, cuando te vi en Hanaya, vestías un kimono de mangas redondas y dijiste que ese mismo día estabas cumpliendo diecinueve. Eso debió de haber sido hace más o menos veinte años. Así que ahora debes de tener por lo menos treinta y nueve, pero todavía vistes un kimono de mangas largas. No tendrás nada que lamentar en este mundo. El hecho de que seas de baja estatura representa una ventaja para ti, pues esa condición te hace parecer más joven.

Y de esta misma forma le recordó sin piedad alguna las antiguas conversaciones que habían sostenido, y a la mujer no le quedó más remedio que quedarse callada, juntando las manos en señal de disculpa. El hombre olvidó sus reparos en cuanto a la edad de la mujer, y así ambos se fueron a la cama, donde retozaron de la forma más amable posible.

Una anciana que parecía ser la madre de la mujer apareció más tarde, llamándola desde el exterior de la habitación. Tras referirse a un par de asuntos triviales, se oyó decir a la madre que esa sería la última vez que vería a su hija. Por carecer de catorce o quince *momme*, se encaminaba al río con todas las intenciones de ahogarse. Al escuchar esta confesión, la mujer se deshizo en lágrimas. Enseguida se quitó su *haori* de seda acolchada, lo envolvió en un *furoshiki*[26] y se lo dio a su madre. Al observar la conmovedora escena, el hombre se sentía incapaz de reaccionar con indiferencia. De tal manera que, antes de que la anciana saliera, una vez más una moneda de un *bu* desapareció de su bolsa.

Sintiéndose muy animado después de haber realizado un acto de caridad, su voz aumentó de volumen, y sucedió que los dos criados de uno de sus acreedores, que estaban en el mesón, lo oyeron y lo reconocieron. Enseguida hicieron acto de presencia en la habitación mientras gritaban:

—¡Así que por fin hemos dado con su paradero! Varias veces desde esta mañana hemos ido hasta su casa para buscarlo, y siempre nos decían que usted se hallaba afuera. ¡Qué suerte que lo hemos encontrado aquí!

Entonces entablaron una serie de negociaciones con el sorprendido cliente. Al final, se apropiaron de todo el dinero contante, junto con el *haori*, la espada corta y uno de sus kimonos.

—Y esperamos que antes del 5 de enero —le recordaron al partir— cancele usted el resto de las deudas pendientes.

El cliente, a pesar de su desconcierto, se las arregló para inventarse una excusa poco convincente.

—Tengo que ver a un amigo que me acaba de enviar un mensaje solicitando mi ayuda —explicó—. De

26 Tela o pañuelo que se utiliza como envoltorio.

todas maneras, fue una imprudencia por mi parte salir de casa en Nochevieja.

Y así, manteniendo la apariencia de dignidad, salió del mesón al amanecer. Mientras se alejaba, la gente de la taberna se burlaba de él al tiempo que decía:

—¡Qué cosas! ¡Incluso un idiota posee una sensatez mayor que la de este tipo!

3.
CONSEJOS JUICIOSOS SOBRE LA ECONOMÍA DOMÉSTICA

—El canon inalterable con respecto a la división de la propiedad familiar con ocasión del casamiento —dijo el experimentado mediador de bodas de Kioto— es el siguiente: vamos a suponer que determinado hombre vale mil *kan*. Al casarse su hijo mayor, se le darán cuatrocientos *kan*, junto con la residencia para la familia. La participación del segundo hijo será de trescientos *kan*, y también tendrá derecho a una casa propia. El tercer hijo será adoptado por otra familia, con su porción de cien *kan*. Si hay una hija, su dote será de treinta *kan*, más el ajuar de novia equivalente a veinte *kan*. Es aconsejable casarla con el hijo de una familia de estatus financiero inferior. Formalmente, no es insólito gastar cuarenta *kan* para el ajuar y asignarle diez *kan* para la dote, pero como hoy en día la gente está más interesada en el dinero contante y sonante que en cualquier otra cosa, es costumbre dar a la hija la plata en un arca laqueada y el cobre en un arca adicional. Aunque la chica sea fea y no se le permita sentarse cerca del fuego durante la noche, ¡esa dote de treinta *kan* la hará brillar como una novia resplandeciente!

»En todo caso —continuó la voz de la experiencia—, hay por cierto más cosas que decir. Recuerda que ella es una preciosidad mimada por sus padres ricos, acostumbrada a alimentarse con exquisitos manjares y bocados selectos. Su cara redonda y de pómulos salientes no es realmente tan lamentable como pudiera parecer. Desde luego, esa frente saltona le permitirá colocarse el velo de novia de la forma más graciosa. Las anchas ventanas de su nariz no son más que una garantía de que nunca le faltará el aliento. El cabello ralo le permitirá mantenerse lo más fresca posible en el verano. La ancha cintura no será una desventaja si acostumbra a cubrirla con un *kosode*[27]. Los dedos gordos le permitirán agarrar con más firmeza el cuello de la comadrona.

»¿Ves —argumentó el veterano de numerosos casamientos exitosos— como es posible ofrecer una ventaja verosímil a cualquier defecto? En los casamientos, el dinero es una consideración muy importante. Si los treinta *kan* de plata se depositan con un comerciante de confianza a una tasa de interés del seis por ciento

27 Especie de kimono de mangas cortas, más pequeño y menos ajustado que el kimono tradicional.

mensual, el ingreso por mes ascenderá a un total de ciento ochenta *momme*, lo cual sería más que suficiente para mantener a cuatro mujeres: la novia, su criada personal, una segunda criada y una costurera. ¡Qué abnegada y de buen carácter ha de ser aquella novia que no solamente cuida su casa con fidelidad, al tiempo que procura no ocasionar ningún disgusto a la familia de su marido, sino que asimismo tiene la capacidad de costear sus propios gastos de manutención! Si solo buscas la belleza, entonces ve a los sitios donde puedes encontrar a las mujeres que se dedican en exclusiva a cumplir esos objetivos, es decir, a los barrios de placer. Eres libre de visitarlas a cualquier hora de la noche y disfrutar de ellas, pero a la mañana siguiente deberás pagar setenta y un *momme*, ¡algo que no es agradable en absoluto!

»Una investigación más minuciosa revelará el hecho de que el sake servido en un prostíbulo asciende a cuatro *bu*, mientras que en una casa de mala fama el té con arroz costará ocho *bu*. Si piensas bien —continuó el experto—, te darás cuenta de que, aunque el costo resulta exorbitante, es inevitable, porque, como quien dice "cazuela de doble precio", se debe agregar al precio de venta un margen para protegerse contra las pérdidas. Es poco frecuente que un cliente se fugue sin pagar, sin hacer el menor caso al sentido del amor y el deber. Como sería imposible para el patrón reclamarle el pago del dinero adeudado, tachará su nombre en el libro de cuentas, considerándolo como muerto. Entonces el patrón golpeará de forma solemne el brasero con las tenazas y proferirá una horrenda maldición: "¡Que los dioses lo condenen al infierno, donde padezca hambre como castigo a su deshonestidad! ¡Que todos los patos asados, el pescado ahumado con leña de cedro y el resto de los manjares exquisitos que acostumbraba a ordenar para satisfacer su apetito voraz se conviertan en carbón, y así aprenderá lo terrible que es el castigo por no haber honrado sus deudas!". Esta admonición la proferirá con una mirada de horror, totalmente distinta a la expresión de su rostro cuando recibió un hermoso *haori* rayado hecho en la provincia de Hida.

»Es mejor, en general —continuó el veterano casamentero—, renunciar a tiempo a una existencia disipada, porque un libertino casi nunca será feliz en su vida posterior. Por lo tanto, aunque la vida en casa te parezca austera e insípida, más te vale que tengas paciencia, conformándote con arroz frío, cuajada de soja y pescado seco para tu cena. Puedes lograr que alguno de los inquilinos te divierta a menudo repitiendo la historia de las aventuras del señor Itakura. O, si así lo prefieres, te puedes recostar con toda tranquilidad cuando quieras para que una criada te masajee los dedos de los pies. Si te apetece un poco de té, puedes sorberlo mientras tu mujer sostiene la taza para ti. Un hombre en su propia casa es el jefe supremo, de cuya autoridad nadie se atreverá a dudar; tampoco nadie tendrá el atrevimiento de juzgar tus actos. Eso es todo cuanto necesitas para lograr un auténtico placer.

»Asimismo, existe una serie de ventajas para los negocios si permaneces en casa. Tus empleados dejarán sus imprudentes visitas a los barrios de Yasaka, así como las reuniones clandestinas en aquel lugar de citas en Oike. Y en la tienda, como no pueden permanecer todo el tiempo ociosos, posiblemente repasen los informes enviados desde la sucursal de Edo o efectúen cualquier otro trabajo que hayan postergado. ¡Todo esto resultará de gran beneficio para el patrón, es decir, para ti! Los aprendices jóvenes plegarán de manera diligente los papeles de desecho para hacer cordoncillos, y algunos, con el propósito de impresionarte, sentados en su lugar de trabajo practicarán la caligrafía para su beneficio. Kyushichi, acostumbrado a retirarse temprano, tomará los envases de paja utilizados para empaquetar el *buri* y hará con ellos cordones para ensartar las monedas. Por su parte, Take, pensando que mañana todo marchará sobre ruedas, preparará las verduras del desayuno. Durante el tiempo que permanezcas en casa, la costurera desenredará tantos nudos de la seda de Hino como los que acostumbra a desenredar durante una jornada entera. Hasta la gata vigilará con recelo desde la cocina y, cuando perciba el menor ruido en las cercanías del colgadero de pescados, maullará para ahuyentar a los ratones. Si un beneficio tan amplio como este resulta de la permanencia del patrón en casa durante una noche, piensa en lo inmensas que serán las ganancias que se acumularán en el transcurso de un año entero. En consecuencia, aunque no estés del todo satisfecho con tu mujer, tienes que mantener tu discreción y darte cuenta de que en los centros de diversión todo es vanidad. Para un patrón joven como tú, comprender bien lo que te he venido diciendo es el secreto del éxito en la administración de su casa.

Tales fueron los consejos ofrecidos por el veterano casamentero de Kioto en Nochevieja. Aunque se extendió en su perorata, se trataba de recomendaciones que bien valía la pena escuchar.

A propósito, déjenme decirles que las mujeres de hoy en día, bajo la influencia de los centros de diversión, se visten exactamente como las cortesanas profesionales. A las mujeres de los vendedores de tela prestigiosos, que en público reciben el tratamiento de señoras, las vemos ataviadas de tal manera que se confunden con las cortesanas de alto rango. Por su parte, las mujeres de los tenderos minoristas, que alguna vez trabajaron como empleadas de los vendedores de telas, lucen como cortesanas de un grado inferior. De nuevo, el kimono que portan las mujeres de los sastres y bordadores que viven en las calles secundarias tiene una semejanza sorprendente con aquel de las chicas empleadas en las casas de té. Resulta divertido observarlas en medio de la multitud vestidas de manera seductora, de acuerdo con su respectiva situación económica.

Al fin y al cabo, una mujer es solo eso: una mujer. Existen muy pocas diferencias marcadas, si es que las hay, entre profesionales y no profesionales. Pero, en comparación, las no profesionales parecen torpes, desganadas, y no poseen ningún refinamiento para la redacción de cartas. Tampoco pueden beber sake de una manera tan graciosa como las profesionales. Ah, y no saben cantar. Visten su kimono de un modo tan desmañado que pareciera colgarles a lo ancho. Se mueven con tan poca elegancia que cuando caminan calle abajo sus pasos son inestables. En el lecho no saben hablar sino de la pasta de soja y de la sal. Son tan tacañas que cuando se suenan la nariz utilizan tan solo una hoja de papel. Como nunca oyeron hablar del palo de áloe, creen que debe de ser una especie de medicina. En todos y cada uno de los asuntos, son de verdad decepcionantes; incluso en sus peinados, copiados de aquellos de las cortesanas profesionales, hay un abismo de diferencia.

Cualquier cliente asiduo de las cortesanas debería ser un excelente conocedor de ese proceloso ambiente, como se suele decir: un hombre de mundo. A pesar de su inteligencia y sabiendo además que el dinero es difícil de ganar, antes que pagar sus deudas, aun cuando haya sido apremiado para satisfacerlas con urgencia —incluso cuando sea acusado de no pagarlas—, se aventura a reservar los servicios de su cortesana favorita para la temporada del Año Nuevo, sin preocuparse para nada por el coste. Es más, pagará la cuenta por adelantado el 13 de diciembre, precisamente el primer día de la preparación de la temporada. Aunque este hombre sea sagaz para muchas cosas, es ciego para los placeres que encuentra en los centros de diversión.

Un próspero mercader de la calle Karasuma de Kioto, al retirarse de su negocio, le dio a cada uno de sus dos hijos quinientos *kan*. El menor aumentó con perseverancia su riqueza, hasta el punto de que todos sus parientes creyeron que valdría unos dos mil *kan*. En cuanto al mayor, cuando al cuarto año de su independencia económica se presentó la Nochevieja, se dijo a sí mismo: «Al hombre nunca le faltan los dioses. Si esta noche apareciera la luna, la memoria de mi respetabilidad anterior no me permitiría nunca caminar por las calles de Kioto vendiendo pimienta. Pero la noche luce oscura...». Al amparo de la oscuridad, con la cabeza y el rostro cubiertos por una capucha de papel, el pobre vendedor ambulante de pimienta deambuló pasando inadvertido, hasta que el Año Nuevo amaneció sobre él. El sitio adonde sus pies sin rumbo fijo lo habían llevado no era otro que el Camino Real de Tamba, la propia entrada al centro de diversiones de Shimabara. Se le vinieron a la mente los recuerdos de mejores tiempos, cuando solía salir por esa misma puerta al alba. Pero ahora sus pesados pasos apuntaban en dirección a su hogar...

4. VIDA Y MADEROS: AMBOS ESTÁN PRESTADOS

En términos generales, cuando nos acostumbramos a una situación determinada, con el paso del tiempo dejamos de preocuparnos. A la entrada de Shimabara, el notorio centro de diversiones de la capital, nos encontramos con un arrozal, a través del cual pasa el llamado sendero de Shujaka, famoso en los cantos populares. En otoño, cuando el arroz madura, los agricultores fabrican un espantapájaros para alejar a las aves que llegan para comerse el arroz. Lo arman en medio del campo con un viejo sombrero de juncos sobre la cabeza y un bastón de bambú entre las manos. Pero como los cuervos y otros pájaros suelen reconocer los grandes sombreros, como aquellos de marcas familiares que se observan en las tiendas, utilizados por los paseantes solitarios, probablemente confunden los espantapájaros con los caminantes que se acercan a los campos y ya no tienen motivos para asustarse. Envalentonados, llegan a posarse sobre el sombrero, tratando al hombre de paja como a un visitante de este mundo descarriado.

Por cierto, en este mundo astuto no hay nada más terrible que el encuentro con un cobrador de deudas. Pero, para este asunto, si uno se ha acostumbrado durante años a no pagar sus deudas, ni siquiera la llegada de la Nochevieja es causa de temor.

Un deudor pertinaz se jactaba con arrogancia durante la Nochevieja y decía:

—Hasta la fecha, no se tienen noticias de que hayan decapitado a una sola persona por haber dejado de pagar una deuda. No es que me niegue a pagar cuando tenga los recursos para hacerlo, pero no se puede sacar agua de las piedras. ¡Ojalá yo tuviera un árbol de oro! Pero, lamentablemente, si no se siembra, no brota.

Hablando de esta manera, extendió al sol una vieja estera de paja cerca de un árbol, en la esquina de su jardín, y se sentó sobre ella mientras sostenía en la mano un cuchillo de cortar pescado bien afilado.

—Me ha costado un enorme esfuerzo amolar este cuchillo, pero no hay nada que se pueda cortar con él. ¡Ni una pequeña sardina! Con todo, podría servir para un objetivo de utilidad. En cualquier momento podría enfurecer hasta el punto de querer matarme. Después de todo, nuestro humor pasajero es de tal naturaleza que no hay garantía alguna de poder controlarlo para siempre. Durante cincuenta y seis años, he vivido mi vida, pero ya carezco de cualquier apego a ella. Es una lástima que en las zonas residenciales más exclusivas de Kioto tantos pudientes barrigones mueran jóvenes. Juro por el dios Zorro que, si uno solo de ellos pagara todas mis deudas, yo moriría con todo gusto en su lugar por medio del *harakiri*[28].

Perorando de tal guisa, blandía su espada, y su aspecto era de admirar, pues parecía que él mismo estuviera poseído por un zorro. Precisamente en ese momento, apareció una gallina cloqueando.

—Ven, gallinita —la llamó—, te llevaré conmigo en mi viaje al otro mundo.

Con un solo golpe de su filosa espada le cortó la cabeza.

Al ver aquel inusitado espectáculo, los cobradores que habían estado aguardándolo quedaron presa del susto. Pensaron que aquel individuo podría buscarles pleito por el motivo más leve, así que uno tras otro se fueron retirando. Sin embargo, antes de partir, no dejaron de ofrecer unas palabras de consuelo a la esposa del pícaro deudor, que había comenzado a encender el fuego para la tetera. Le expresaron su más profunda compasión por la mala suerte de ser la mujer de aquel sujeto de carácter iracundo.

---

28 También conocido como *seppuku*, suicidio ritual japonés que consiste en abrirse el vientre con una daga y luego hacerse decapitar.

Aquella maniobra con el propósito de librarse de los cobradores de fin de año no era en verdad nada novedosa; sin embargo, en este caso se trataba de un truco vil. A pesar de todo, por esta estratagema el condenado pudo salir de sus apuros financieros de fin de año sin siquiera expresar a ninguno de sus acreedores una sola palabra de excusa.

Sin embargo, el joven aprendiz de un maderero de la calle Horikawa, que no se había marchado con los demás cobradores, permaneció en el sitio. Tenía solo dieciocho o diecinueve años y parecía débil y afeminado, pero su corazón era tan fuerte como el de un león. Durante el tiempo que el tramposo impostor había estado representando su pequeño drama, el joven aprendiz había permanecido apoyado en la baranda de bambú, indiferente, mientras rezaba sus oraciones. Cuando el último de los cobradores hubo desaparecido, el joven, dirigiéndose al pícaro de marras, le habló de forma pausada:

—Ahora que su espectáculo ha terminado, quiero que me pague mi cuenta y luego me marcharé.

—¡¿Qué?! —exclamó el deudor—. Incluso los adultos se han convencido de mis razones y se han largado sin hacer preguntas, y ahora apareces tú, un mocoso, atreviéndote a calificar mi conducta de una mera actuación. ¿Qué diablos es lo que pretendes?

—En tiempos como este —respondió el aprendiz—, cuando todos nos encontramos tan ocupados, considero que este pequeño teatro que acaba de montar es un truco inútil.

—¡¿A santo de qué vienes a meterte en lo que no te importa?! —estalló el deudor enfurecido.

—No me iré hasta obtener...

—¿Obtener qué? —gritó el sujeto totalmente enfadado.

—Obtener mi dinero —aclaró con calma el aprendiz.

—¿De quién? —replicó airado el deudor al borde de un ataque.

—De cualquiera que me deba dinero —respondió el aprendiz, dueño de sí mismo—. Si hace falta, tomaré el dinero por la fuerza. Soy experto en estos asuntos, ¿sabe usted? De entre todos mis colegas cobradores, ninguno intentaría siquiera cobrar las cuentas de los veintisiete deudores de mala reputación que aparecen en esta lista. Eche un vistazo a mi libro de cuentas y podrá comprobarlo con sus propios ojos. Hasta ahora, he tachado los nombres de veintiséis, y no tengo la más mínima intención de marcharme de aquí hasta que usted no salde su cuenta. Los maderos que se han utilizado para reparar esta casa nos pertenecen, de tal modo que me los llevaré conmigo.

Uniendo la acción a la palabra, en ese momento el joven aprendiz cogió su mazo y comenzó a arrancar las tablas de las paredes de la casa.

El dueño, enfurecido, saltó sobre el aprendiz gritando:

—¡Tú, bribón! No aguantaré tus insultos.

—Vamos, vamos —contestó el joven en tono conciliador—. El estilo de su amenaza es por demás anticuado. Parece que usted ignora por completo los temas de última moda. Arrancar tablas es el método más reciente y eficaz para cobrar las cuentas.

Como el joven aprendiz no mostraba ninguna señal de atemorizarse por las amenazas del deudor, a este no le quedó otra alternativa que disculparse y pagar el monto total de la deuda pendiente.

Cuando el astuto aprendiz hubo tachado el último de los veintisiete nombres de su lista, se dirigió al último deudor, ya completamente sometido a su voluntad, y le dijo:

—Ahora que he recibido el pago, ya no habría nada que agregar. Pero al menos déjeme decirle lo siguiente: su técnica de resistencia está pasada de moda por completo. Su estilo de viejo veterano resulta obsoleto. Sería mucho mejor que entrenara a su mujer con suficiente anticipación. Comience con ella una disputa alrededor del mediodía de la Nochevieja. Cuando ella se haya cambiado su kimono, que exclame a todo pulmón: «Estoy dispuesta a divorciarme de ti en cualquier momento. Pero te advierto que en ese caso varias personas van a morir. ¿Entiendes bien lo que quiere decir eso? De ninguna manera es un asunto de risa». Entonces, en ese momento tiene usted que interrumpirla y decirle: «¿Cómo te atreves, mujer, a divorciarte de mí? No tienes el valor para hacerlo». «Oh, ¿crees que no?», contestará, «Pues sí que lo tengo. ¡Y nada me podrá detener!». En ese momento, usted dará muestras de retroceder y le dirá: «No sabes cuánto he anhelado pagar mis deudas, para que, cuando muera, la gente hable bien de mí, pues el proverbio dice: "El hombre es mortal, pero la fama es perdurable". Lamento muchísimo lo que está pasando, pero nada puedo hacer al respecto. Hoy será mi último día en este mundo. Oh, ¡qué pena, qué pena!». Lamentándose de esta manera, tendrá usted que coger algunas hojas de papel; puede ser cualquier papel viejo sin ningún valor. Desgárrelas en pedazos una tras otra, como si se tratara de documentos valiosos. Cuando lo vean a usted actuar de esta manera, incluso el más obstinado de los cobradores renunciará a su tarea y dejará de presionarlo para que pague.

Habiendo escuchado atentamente los consejos del joven aprendiz, el veterano deudor habló así:

—Ese truco nunca lo he probado. En adelante, gracias a su sugerencia, obtendré grandes ganancias a finales del próximo año. —Y volviéndose hacia su mujer, le preguntó—: ¿Qué te parece, mi amor? ¿No es de verdad extraordinario que un mozo tan joven muestre una sabiduría muy superior a la mía? Una ocasión como esta debe celebrarse.

Rápidamente, la gallina que había sacrificado hacía poco se convirtió en un rico hervido, y con el chico como invitado de honor cenaron para festejar el exitoso fin del año.

Una vez que hubieron acabado la comida y que el aprendiz se hubo marchado, el viejo deudor tuvo un segundo pensamiento: «No solo el próximo fin de año debemos permanecer en guardia —meditó—. Aquellos persistentes cobradores nos asaltarán otra vez antes del amanecer del Año Nuevo». De inmediato, comenzó a elaborar junto con su esposa la estrategia que habrían de emplear para sus disputas impostadas.

Su habilidad para hacer frente a los cobradores mediante aquella técnica recién adquirida se divulgó de tal manera que su fama fue conocida por doquier, hasta el punto de ser bautizado como el Pendenciero de la calle Omiya.

LIBRO III

I.
DEBUT TEATRAL DE LOS NUEVOS ACTORES

En los teatros de Kioto es costumbre ofrecer como preámbulo de las representaciones una danza para celebrar la prosperidad de la ciudad. En efecto, los ciudadanos de Kioto, al igual que los mercaderes de la capital, muestran su generosidad cuando la ocasión así lo exige, y esto se debe al cabal cálculo adquirido a través de los años y a su modo de vida consciente de la economía cotidiana.

El otoño del año pasado en Kioto, la Escuela Komparu de la provincia de Kaga anunció el estreno de una obra de teatro *noh*. Se iba a representar durante cuatro días seguidos, y aunque el costo del palco se fijó en diez piezas de plata, todos los boletos se vendieron muy pronto. Además, los pagaron al contado y por adelantado.

Primero se anunció la representación del drama trágico *Sekidera Komachi*[29], y la gente mostró su inmensa

29 Famosa pieza de teatro *noh* del conocido actor y escritor Zeami Motokiyo (1363-1443), protegido por el shogun

excitación por la expectativa de presenciar la interpretación del más soberbio de los dramas. Pero cuando el tamborilero, por una u otra razón, se vio imposibilitado para ejecutar su parte, hubo que cambiar el programa. A pesar de aquella alteración, el día del estreno, desde antes del amanecer, la gente acudió en tropel a la entrada del teatro. Entre la multitud había un hombre de Edo que había reservado dos palcos, cada uno de los cuales le costó diez piezas de plata. En uno de ellos tendió una alfombra carmesí, y también lo equipó con un estante portátil, un biombo bajo y un baúl para sus efectos personales. Detrás del palco instaló una cocina provisional, provista de pescados, aves y una cesta con frutas de la estación. En el otro palco colocó una tetera, con sendos cubos de agua para preparar el té, el primero etiquetado «puente de Uji» y el otro «río Otowa». Sentados con él, en sus palcos se podía ver a un médico, un vendedor de telas, un docto confuciano, un comisionista de productos importados y un poeta. En la parte de atrás lucían grupos de bellas mujeres de Shimabara, chicos de Shijo, prominentes cortesanas de la ciudad, un masajista y un *ronin*. Bajo los palcos había un espacio para el palanquín personal del señor, un

---

Ashikaga Yoshimitsu y cuya genialidad fue reconocida desde muy joven. Esta obra narra las vicisitudes de una destacada poetisa (inspirada en Ono no Komachi, siglo IX), de deslumbrante belleza, que en el otoño de su vida cae en desgracia.

baño y hasta un cuarto de aseo. Por cierto, con aquel equipo tan lujoso no hacía falta nada más para disfrutar del teatro.

¡Tal era la fastuosidad de aquel señor de Edo! Pero carecía de nobleza, pues no era hijo de un señor feudal; había alcanzado su eminente posición a causa de su riqueza, lo que es una magnífica razón para que te empeñes en hacer dinero por encima de todo lo demás y así poder divertirte como te plazca. Sin embargo, había un método en la locura de este hombre por el teatro, ya que era muy cuidadoso en todas sus diversiones, de tal manera que su riqueza no sufriera ningún menoscabo. Cuando el negocio se combina con el placer, ¡qué agradable es! Si un hombre no es lo bastante rico, no debe en ninguna circunstancia gastar el dinero de forma pródiga.

Cuando la temporada de septiembre llega a su término, parece que es usual para las personas descuidar la atención a sus negocios, ya que el fin de año se vislumbra como un evento muy lejano. Al llegar octubre, sin embargo, el tiempo cambia: se hace variable y se siente la amenaza de la lluvia y el viento. En tales circunstancias, resulta natural que las personas se pongan nerviosas y que expresen su desasosiego. Tienden a posponer hasta el Año Nuevo cualquier actividad que hubieran debido planear con anticipación, y se las arreglan para vivir el día a día. Bajo tales condiciones, los mercaderes de artículos de lujo y los artesanos de obras de arte dejan de trabajar, pensando que no habrá suficientes compradores para sus productos. Luego, cuando las heladas matinales y las ráfagas de viento frío a la caída de la tarde empujan a las personas temprano a su lecho o a la comodidad de su brasero durante el encierro invernal, se inclinan de nuevo a descuidar sus negocios, y como consecuencia de su desidia el fin de año los sorprende con malas noticias para sus balances comerciales.

Más tarde, seguirán, uno tras otro, el aniversario del fundador de la secta budista de Nichiren, la serie de diez sermones vespertinos de la secta Jodo y el aniversario para honrar al fundador del Templo Tofukuji, así como el respectivo del fundador de la secta Ikko. El festival diurno y la celebración nocturna por el Día del Jabalí se suceden casi juntos, y en breve los sigue la ceremonia de la hoguera en el santuario sintoísta de Inari.

Asimismo, alrededor de esta temporada del año, los miembros de la compañía teatral de la ribera del río Shijo son reemplazados, y se monta la primera representación de la nueva compañía. Los actores de viejo renombre parecen nuevos, y también los espectadores se muestran animados. Hablan entre ellos de cómo ese día asistirán al teatro A, mañana al teatro B y al día siguiente al teatro C, porque allí podrán disfrutar de las actuaciones de los jóvenes actores de Osaka. Y, por intermedio de la casa de té, anexa al teatro, reservan palcos y dan propinas generosas a sus actores favoritos para que puedan ser saludados como sus «patrones». ¡Una presunción, por cierto, huera e inútil!

Ebrios por el sake que han llevado al teatro, no regresan enseguida a sus casas después de la función, sino que se quedan para ver la danza del epílogo en la sala del piso superior de la calle Ishigake. Hablan en medio del bullicio con voces atipladas y arman tal escándalo que se podría temer que la algarabía pudiera alcanzar la cumbre misma del monte Hiei. Sin embargo, dado que estos juerguistas son personas prestigiosas de Kioto, otros se refieren a ellos en términos como «¡Oh, sí! Ese es el vendedor de telas favorito del señor Fulano de Tal» o «Aquel es el corredor de bolsa que tiene acceso a la casa del señor Mengano». El ser víctima de tales murmuraciones se considera un honor entre los asiduos a los centros de diversión.

No obstante, en el caso de un mercader con poco capital, el asunto es totalmente diferente. Si asiste al teatro solo para pasar el tiempo, tiene que evitar sentarse al lado de un fumador, pues, de estar en las cercanías de tal sujeto, le será difícil vencer la tentación de fumar. En lo referente al cojín para su asiento, bueno, pues será mejor que alquile uno hecho de paja. A pesar de todo, desde donde esté sentado puede aprenderse los nombres de los actores tan fácilmente como en cualquier otro lugar.

El mismo día de la inauguración, cuando Yojibei y su compañía pusieron en escena su nuevo programa, se podía observar a varios jóvenes sentados a la izquierda del escenario, cuya apariencia indicaba que les importaba un comino que hubieran sido relegados o no. Vestidos a la moda, lanzaban coquetas miradas a los actores ubicados en el escenario, provocando la envidia del resto de los espectadores. Sin embargo, entre el público se encontraba un hombre que los conocía, y le dio por revelar sus historias de la manera siguiente:

—No sé exactamente qué tan ricos o pobres pueden ser, pero al menos sé que pertenecen al sector oeste del río. ¿No es gracioso verlos presumir y dárselas de refinados como la gente del centro de la ciudad? ¿Por qué? Un desconocido puede confundirlos con personas distinguidas. Aquel tipo vestido con un *haori* negro se casó con la heredera de un negociante de arroz, estrictamente por motivos pecuniarios. Su mujer le debe de llevar unos catorce o quince años. El muy ladino obliga a su anciana madre a moler el arroz a mano con un molino, y le impone a su hermano menor el trabajo de andar por las calles de Kioto vendiendo habas. No debería portar esa espada de empuñadura blanca.

»Aquel otro sujeto vestido con un *haori* iridiscente es un traficante de cola, de origen incierto, aunque se puede suponer por su vistosa indumentaria que es menos respetable de lo que aparenta. Su casa está hipotecada y se rumorea que es incapaz de pagar las deudas. Además, mantiene una disputa con su vecino sobre los límites de un terreno, asunto que no han podido resolver por causa de su obstinación. En tiempos tan difíciles para él, gastar su dinero asistiendo al teatro no es más que una locura.

»El tercer sujeto que vemos allá con un *haori* pardo blanquecino es conocido por haber pedido un préstamo de cinco *kan* (por supuesto, sin pagar los intereses) con la excusa de una herencia que le correspondería por ser el hijo adoptivo de un fabricante de laca. No han transcurrido treinta y cinco días desde la muerte de su padre y ya está ahí sentado en el teatro como si tal, habiendo dejado sola en casa a su madre viuda. ¡Qué tipo tan descarado! Cuando ningún mercader de Kioto está dispuesto a venderle arroz, leña o cualquier otro producto para satisfacer sus necesidades diarias, agasaja a los actores jóvenes para que lo entretengan mientras él disfruta bebiendo sake. Pobres chicos, piensan que se trata de un patrón rico, pues es humanamente imposible para ellos descubrir la verdad. Muy al contrario de lo que ellos pudieran creer, el tipo no ha cancelado ninguna de las compras a crédito que ha hecho en los últimos años.

»El sujeto aquel vestido con un *haori* a rayas coloreadas tiene una pequeña casa de cambio. Su hermano es sacerdote en el Templo Miidera, y, si este no acude en su auxilio, no podrá arreglárselas para pasar el fin de año. Aparte de él, ningún otro podrá permanecer en la capital para celebrar el Año Nuevo.

Hablando en ese tono, el conocedor de la vida ajena señaló con el dedo en dirección a los aludidos, y estos, interpretando la señal como una expresión de envidia, tomaron dos o tres ramilletes de camelias y narcisos y, envolviéndolos en hojas de papel, los lanzaron hacia el relator. Al abrir el paquete, nuestro narrador sonrió en tono de burla e hizo una observación:

—Si ellos fueran realmente lo que pretenden ser, habrían pagado dos *bu* por cada ramillete. Pero puedes estar seguro de que nunca pagarían ese precio.

Luego, el programa terminó y nuestro comentarista se despidió y volvió a casa. Durante los días siguientes, los espectadores antes descritos aparecieron de nuevo en el teatro, vestidos con los mismos atuendos que incluían los idénticos *haori*. Cuando el dueño de la casa de té reparó en estos detalles, les pidió enseguida que pagaran sus cuentas; pero los sujetos rehusaron, y de ahí en adelante dejaron de asistir al teatro. Hasta el fin de año, el dueño continuó insistiendo en el pago de las deudas, pero todo resultó vano.

Entretanto, uno de ellos, al considerar la fuga nocturna como pasada de moda, se decidió a tomar las de Villadiego en pleno día, sin que aún nadie sepa su paradero. Otro se encerró en su aposento con el pretexto de haberse convertido en demente. Un tercero, que intentó suicidarse, fue sometido luego a una rigurosa observación. En cuanto al intermediario que había recomendado estos sujetos a la casa de té, fue puesto bajo vigilancia policial.

El dueño de la casa de té, que más allá de desesperarse no pudo hacer nada concreto para recuperar su dinero, se las ingenió finalmente para convencerse de que aquello había sido una horrible pesadilla, y pronto se olvidó del penoso asunto. En cuanto a su cálculo inicial de obtener de los sujetos unos quince *ryo*, lo único que le quedó después del episodio fueron tres sombreros de junco que dejaron los falsos ricachones y la prueba dolorosa de que en Nochevieja él había sido el protagonista de la mayor estafa perpetrada en Kioto.

2.
QUÉ AMENA ES LA VISTA DE LAS FLORES DE LA TORTA DE ARROZ EN AÑO NUEVO

En Nochevieja, los cobradores de cuentas deben estar familiarizados con aquel refrán antiguo: «El bien debe hacerse sin demora», ya que, por cierto, ellos se desplazan con gran agilidad. En ese día especial, corren a toda prisa por el mundo como Mercurios de pies alados, hasta el punto de que sus sandalias, hechas de hierro, lucen como si estuvieran desgastadas por completo. En efecto, para los mercaderes, su vitalidad lo es todo. A propósito, una vez escuché a un viejo cobrador de cuentas dar el siguiente consejo:

Para tener éxito al cobrar las cuentas pendientes, tiene usted que comenzar con el que paga enseguida y luego esforzarse sucesivamente hasta llegar al deudor más difícil, aquel que tiene fama de negarse a pagar. Cuídese de no dar un traspié al hablar, modere su lengua. Si el deudor se comporta de una manera calculada con el propósito de irritarle, mantenga la calma y hable únicamente del asunto con un lenguaje persuasivo. Siéntese en el umbral con toda tranquilidad, dígale a su ayudante que apague la luz de la linterna y diríjase al sujeto de una manera similar a esta: «¿Qué crimen cometí en una vida anterior para ser condenado en esta a sufrir como un cobrador de cuentas? Aún no he podido alisar mi cabello para celebrar el día de Año Nuevo. Mi mujer tiene que trabajar en la oficina de un banco, convertida en un virtual rehén, donde tiene que esforzarse para complacer a los clientes. De tantos modos posibles de ganarse la vida, ¿por qué tuve que elegir un trabajo tan duro y miserable como este? A menudo me entran ganas de protestar delante de los dioses, aunque sé que ellos nada tienen que ver con mi triste destino.

»Por contraste, aunque no conozco ningún detalle acerca de las cosas de su casa, estoy seguro de que a su señora no le hace falta nada para su plena felicidad. Aquellas hermosas flores de torta de arroz colgadas del techo llenan de alegría la estación del Año Nuevo. A propósito, ese colgadero de pescados es la cosa más atractiva en la casa. Oh, solo mire el pato, los pepinos de mar secos y las orejas marinas colgadas con primor. Seguro que usted ya ha preparado el ajuar para el invierno. Por esta época, los dibujos de moda para los atuendos de las damas son las peonías con hojas de *ginkgo* entrelazadas, combinadas en círculo. Estoy deseando que mi mujer pueda vestir un kimono a la moda. Es verdad que el vestido hace a la mujer. ¡Oye, O-Matsu! (dirigiéndose a la criada). El kimono que el patrón te regaló debe de estar diseñado con flores de paulonia azul claro sobre un fondo pardo oscuro. Eres afortunada por poder trabajar en esta casa. Por las afueras he visto muchas mujeres vestidas con kimonos adornados con arabescos ya pasados de moda».

Hablando de esta manera, tiene usted que esforzarse por crear un ambiente propicio para animar a la esposa a participar en la conversación. Entonces, cuando no se encuentren otros cobradores por los alrededores, el patrón se acercará de forma mansa y le dirá que, aunque ha decidido no pagarle a nadie este fin de año, sin embargo, como admira su modo amable de hablar, le pagará cierta cantidad, el dinero que había ahorrado para la peregrinación de su mujer al Gran Santuario de Ise. El resto se lo pagará antes del próximo mes de marzo, cuando espera ver su rostro sonriente otra vez.

Y así, aplicando esta estrategia, el patrón le pagará sesenta *momme* de cada cien pendientes. En los tiempos antiguos, solían pagar ochenta *momme* de un centenar. Hace veinte años, habrían pagado sin falta la mitad de la deuda. Diez años atrás, un pago del cuarenta por ciento era lo común, pero hoy en día pagarían solamente treinta *momme* de cien, lo que incluye, por lo general, al menos dos piezas de plata de mala calidad. De tal manera que la mente de los hombres se envilece cada vez más, y la misma situación prevalece entre acreedores y deudores. ¡Qué fastidio para el acreedor! Sin embargo, no existe para él escapatoria alguna, a menos que decida abandonar su negocio, un lujo que tampoco se puede permitir. En consecuencia, olvidando las molestias del fin de año, comenzará de nuevo a vender a crédito.

Es sorprendente cómo cambian las costumbres con los tiempos. En la época antigua, el acreedor aceptaba las excusas del deudor por la demora en el pago, y pasada la medianoche de la Nochevieja cesaba en su intento de cobrar las cuentas pendientes. Más tarde, cuando los cobradores perseveraban hasta el amanecer, estallaban las disputas dondequiera que aparecían. Más recientemente, aunque se dedican a cobrar hasta altas horas de la noche, no se percibe un lenguaje colérico entre acreedores y deudores, y todo se arregla sin escándalo.

¿Cómo hacen para arreglárselas? «La verdad es que donde no hay dinero, simplemente no lo hay para nada», declara el deudor, sin temor a ser oído por sus vecinos. «¡¿Por qué incluso los señores feudales están en deuda hoy en día?! Ninguna persona ha sido decapitada por no pagar sus deudas aun cuando sumen mil *kan*. Si realmente tuviera dinero para pagar, no lo dejaría para después. ¡Ojalá esta caldera estuviera repleta de piezas de plata de un *bu*! Entonces podría desembarazarme de todas mis deudas de una sola vez. En efecto, el dinero es la cosa más arbitraria que conozco, creo que realmente me odia».

Tras su perorata, comienza a entonar una canción del teatro *noh*: «Ahora estás arriba, luego estás abajo. Así es el mundo». Al mismo tiempo, tumbado en el piso y mirando hacia otro lado, lleva el compás sobre su almohada de madera como si se tratara de un tamboril.

¡Tipos como ese están simplemente fuera de mi alcance! Como desafía cualquier sentido de la vergüenza y la decencia, los cobradores imaginan que continuar hablando con él es solo una pérdida de tiempo, de modo que borran sus créditos viejos y descuentan los nuevos. Así, ambos llegan a un arreglo amistoso en lugar de continuar con la disputa. Hoy día, la gente se ha hecho más sabia.

Si piensas con cuidado en el estado del mundo, te darás cuenta de que más vale tener un hijo tonto que un empleado listo, porque el hijo es por naturaleza honrado. Cuando se pone a cobrar cuentas, nunca hace el trabajo con indiferencia, pues sabe que el dinero será suyo algún día. Al contrario, el joven empleado que respeta con sinceridad a su patrón, que atiende fielmente a sus deberes y comprende su posición es más bien una excepción. Es de verdad muy raro encontrar un empleado que se dedique a velar por los intereses de su patrón. Preferiría visitar el centro de diversiones, donde cada día se despilfarran mil piezas de oro. Si cobra una importante suma de dinero, algo guarda para sí registrándolo en su cuaderno como «falto». También puede a hurtadillas cambiar el oro bueno por el malo, o reemplazar el cobre por la plata, desviando de esta vil manera los beneficios financieros para su propio uso personal. Tales créditos, de los cuales el patrón no tiene conocimiento, probablemente aparezcan registrados como «no recaudables». Aun el patrón más perspicaz no será capaz de mantenerse al tanto de todas las variadas formas de desfalco.

En el caso del aprendiz de un pequeño comerciante, aquel tampoco se ocupa de prestar la suficiente atención al cobro de las cuentas. En cambio, compra naipes en la tienda de Hoteiya y camina por la calle procurando memorizarlos, a las horas en que debería estar dedicado a su trabajo. De cualquier manera, su actitud no es de ningún provecho para su patrón.

No todos los cobradores son de la misma calaña, pero los buenos escasean por demás. De modo que es muy importante mantenerse en guardia todo el día, considerando que todos son unos ladrones, ya que esto es tan cierto como que un incendio se provoca por el mal manejo del combustible.

Hace tiempo vivió un tal Churoku, conocido con el apodo de Demóstenes. Trabajaba como capataz de la construcción de casas y siempre andaba contando chistes, por lo que adquirió fama como el bufón accidental del pueblo. Sus imitaciones complacían a todos y a menudo lo contrataban para entretener las reuniones de la Sociedad de Espera de la Luna o el Club de Espera del Día. Pero, al acercarse el nuevo año, se dio cuenta de que estaba en apuros para afrontar los gastos de las fiestas. Así que, ni corto ni perezoso, se dirigió a la casa de su patrón y le solicitó un préstamo de quinientos *momme* de plata. Muy pronto, su petición fue complacida y se sintió tan feliz que al anochecer regresó donde su patrón y se sentó en el piso a cantar una canción de agradecimiento y felicitaciones:

CANTO DE CHUROKU EN NOCHEVIEJA

¡Qué alegres las notas del *koto*
que resuenan esta noche en mis oídos!
Esta es la casa de uno bendecido por el *kami*,
un semidiós, libre de todos los cuidados.

En toda la amplia ciudad de Osaka,
no hay otra casa, cercana o lejana,
que de oro y plata esté rodeada,
con tesoros que no se comparan a nada.

Con la capa que te hace invisible
y el sombrero que hace lo mismo.

Oh, el mazo que fraguó la varilla de la balanza del dinero
es el mismo de Daikoku que provee fama y fortuna.

¡Bendito sea mi patrón!

Al oír aquel canto que resonaba en voz alta, apareció el patrón y le dijo al cantante:

—Churoku, parece que esperas verme, ¿será por esto?

Mientras hablaba, le lanzó quinientos *momme* envueltos en una hoja de papel. Churoku recogió el paquete y tres veces lo rozó con su frente, repitiendo cada vez expresiones de agradecimiento.

—Gracias a usted, mil gracias —decía con emoción—. Ahora podré arreglármelas para el fin de año. Me marcho ya, pronto cantará el gallo.

Cuando llegó al portal, volvió al trote a pedir a las criadas que le dijeran a la señora de la casa lo mucho que les agradecía aquel favor. Entonces una de las criadas, de nombre Kichi, le recordó que aquella era una ocasión propicia para ofrecer sus felicitaciones.

—¡Tienes razón! —dijo alegremente—. Entonces, probaré con una danza.

Mientras Churoku se encontraba en medio de su danza de felicitación, regresó de repente el empleado principal de la casa y gritó:

—Tenemos que enviar enseguida doscientos *kan* al almacén del norte. El arroz llegará en cualquier momento. ¡Efectivo, efectivo! ¡Necesitamos urgentemente dinero contante y sonante! No es momento de entretenerse cantando y tocando. De algún modo tenemos que reunir ese efectivo.

En ese momento, su mirada se detuvo en el envoltorio con los quinientos *momme* que Churoku había dejado en el umbral cuando inició la danza. Y se lo arrebató mientras vociferaba:

—Vaya, vaya, ¡qué cantidad de dinero tenemos aquí! ¿Cómo es que alguien puede ser así de descuidado para abandonar semejante suma de dinero? Doscientos *kan* en efectivo es todo cuanto necesitamos. Vamos a ver si completamos esa cantidad con lo que encontremos en casa. De no ser así, tendremos que enviar de urgencia un pelotón a diversos lugares de la ciudad hasta obtener el total. ¡Oh, dinero, dinero, dinero!

El empleado había creado tal alboroto que el pobre Churoku estaba totalmente aturdido y perplejo. Por lo tanto, se batió a toda prisa en retirada con las manos vacías.

3.
SUEÑOS DORADOS

«Nunca te olvides de tus negocios —me recomendó un millonario—, ni siquiera en tus sueños». Porque mientras duermes puedes estar seguro de que sueñas acerca de aquello que te inquieta. A veces, los sueños son felices y otras veces, tristes. Uno de los más comunes es aquel en el que se encuentra dinero en un lado de la calle. Pero hoy en día nadie perdería su cartera, ya que la cuida como a su propia vida. No, no podrás encontrar ni una sola moneda en los alrededores de un templo donde acaba de celebrarse el servicio del Día Diez Mil, ni tampoco al día siguiente del Festival de Temma. Lo cierto es que el dinero no te llegará a menos que trabajes para obtenerlo.

Un pobre tipo de Fushimi anhelaba enriquecerse de la noche a la mañana, aunque había adquirido el hábito de descuidar su trabajo. Con anterioridad había vivido en Edo, donde por aquellos días se podían ver montones de plata en las casas de cambio de la calle

Suruga. El espectáculo lo había impresionado con tal vivacidad que solía evocarlo con frecuencia: «¡Oh, cuánto desearía poseer esa enorme cantidad de plata para este fin de año! —decía suspirando—. Había también un enorme montón de oro recién acuñado, tan alto como mi cabeza, expuesto en un tablero».

Se acostó en su cama cubierta de papel, obsesionado por estos pensamientos de dinero fácil.

Precisamente el último día de diciembre, su mujer se despertó al amanecer. Al observar un rayo de sol que se colaba a través de la ventana, se quedó mirando con gran asombro un montón de oro.

—¡Oh, Dios mío! —exclamó en voz alta, despertando a su marido—. ¡Esto es literalmente un regalo del cielo!

—¿Qué pasa? —preguntó el marido, adormilado.

Pero, justo en ese instante, para desilusión de la mujer, el oro desapareció. Cuando le contó a su marido lo que había visto, este dijo lo siguiente:

—La aparición temporal de esa cantidad de oro ante tus ojos se debe seguramente a mi apego a todo aquel dinero que vi cuando vivíamos en Edo. Mi situación en la actualidad es tan desesperada que sería capaz con todo gusto de tocar la campana de condenación en Nakayama de Sayo. Ojalá pudiera salvarme de la pobreza de este mundo, aunque eso significara mi condenación en el otro. ¿Por qué en esta vida los ricos gozan de un verdadero paraíso mientras nosotros los pobres sufrimos las mismas torturas del infierno? ¡No tenemos nada en absoluto! ¡Ni siquiera leña para quemar en la estufa! ¡Oh, qué manera tan miserable de terminar este año!

Como en su mente surgieron los deseos más perversos, su alma, que algo tenía de bondadosa, se transformó en malvada. Cuando se quedó medio dormido, soñó con los demonios del infierno, que arrojaban fuego desde una carreta y le mostraban la línea divisoria entre este mundo y el otro. Al despertar, le contó el sueño a su mujer, y esta, más triste que nunca, lo amonestó de la siguiente manera:

—Nadie puede vivir cien años, así que es imprudente abrigar deseos tan estúpidos. En el futuro, si nuestro amor mutuo no disminuye, sino que permanece constante, podremos celebrar felizmente el día de Año Nuevo. Imagino que de vez en cuando te afliges cuando piensas en lo mucho que he tenido que aguantar. Pero, si las cosas continúan tan mal como hasta ahora, los tres moriremos de hambre.

»Es una suerte para nosotros que ahora tenga una oferta de empleo. Esto será también muy positivo para el futuro de nuestra única hija. Si eres tan bondadoso como para criarla con tus propios medios, todavía podemos aguardar la felicidad en un tiempo futuro. Sé que es una crueldad por mi parte el tener que abandonarla, pero te suplico que la cuides mucho, pues yo no podré hacerlo de ahora en adelante.

Mientras hablaba, la mujer se deshacía en llanto, y el marido, confuso y aturdido, no atinaba a decir palabra, de tal manera que optó por cerrar los ojos para no contemplar el rostro de su mujer arrasado por las lágrimas.

Justo en ese momento, llegó a la casa una mujer de la agencia de empleo de Sumizome en compañía de una vieja de unos sesenta años.

—Como te dije ayer —le habló sin preámbulo alguno a la joven madre—, tienes un bonito par de tetas, así que te pagaremos la suma total de ochenta y cinco *momme* en efectivo y por adelantado. Además, podrás tener nuevos kimonos hechos a tu medida cuatro veces al año. Deberías estar agradecida por el tratamiento tan generoso que te dispensamos. Ten en cuenta que la paga que recibe una sirvienta (alta como una torre) de la cocina, que además de sus labores habituales debe ocuparse de tejer y bordar, es apenas de treinta y dos *momme* cada seis meses. ¿Sabes? Es a causa de tus senos generosos por lo que te ofrecemos esta paga excepcional. Si rechazas la oferta, tengo otra candidata en la zona norte de la calle Kyomachi. De todos modos, como necesitamos una nodriza a partir del día de hoy, tienes que decidirlo ahora mismo.

Apelando a su espíritu de abnegación, la joven madre contestó:

—Lo haré solo porque no quiero que nos muramos de hambre. De momento, mi única preocupación es si podré cumplir o no de forma satisfactoria con mis deberes hacia el querido hijo de mi nuevo patrón. En cualquier caso, sinceramente, deseo trabajar para él.

—Entonces, vamos a empezar cuanto antes —respondió la mujer de la agencia de empleo, haciendo caso omiso de la presencia del marido.

Luego tomó prestados del vecino pluma y tinta, escribió un contrato por el lapso de un año y le entregó al marido la suma de dinero en efectivo. Al mismo tiempo apartó sagazmente su comisión de ocho *momme* y medio del sobre de dinero donde estaba escrito: «Ochenta y cinco *momme*, treinta y siete piezas».

—Da lo mismo tomarlo ahora o después —dijo a la defensiva—. De todas formas, es lo que hace todo el mundo. Y ahora, mi querida nodriza —continuó—, te repito: no necesitas cambiarte de ropa.

Y allí mismo la aludida comenzó a preparar su partida. El marido no podía contener el torrente de lágrimas. Y su mujer, enrojecida de tanto llorar, le hablaba a su bebé:

—Adiós, Oman. —Así se llamaba la pequeña criatura—. Mamá está saliendo ahora para la casa de su nuevo patrón, pero algún día, durante la temporada del Año Nuevo, volverá a verte.

Luego les rogó a sus vecinas que cuidaran de la bebé y nuevamente rompió en llanto. Sin conmoverse para nada con aquel triste espectáculo, la mujer de la agencia de empleo dijo con frialdad:

—Los bebés pueden crecer sin padres. Si uno ha de vivir, no morirá aunque lo apaleen hasta dejarlo casi muerto. ¡Hasta luego, señor! —Diciendo esto, se alejó enseguida junto a la joven madre y la vieja que le hacía compañía.

Sin embargo, la vieja, conmovida por la situación, se volvió en dirección al pobre marido, que se había quedado con la bebé, y dijo con un suspiro:

—Seguro que él debe de querer a su hijita como yo quiero a mi nieta. Es una pena ver a una niñita privada del pecho de su madre.

La mujer de la agencia de empleo, sin consideración a los sentimientos de la madre que estaba a su lado, llamó a la vieja para decirle:

—No hay más remedio, pues el dinero es el que rige este mundo. En realidad, no tiene que ver con nosotros si esa bebé vive o muere. No es asunto nuestro. —Y hablando así, con su corazón endurecido como siempre, se marchó a toda prisa seguida por la joven madre.

Mientras tanto, se hizo de noche, la última noche del año. El pobre hombre, que se había quedado solo en su casa, imbuido, con toda razón, del pesimismo de su propia existencia, se quejaba entre dientes:

—Heredé una fortuna considerable, pero a causa del mal manejo que hice de ella tuve que abandonar Edo. Gracias al esfuerzo y la persistencia de mi abnegada mujer, pude establecerme aquí en Fushimi. Aun cuando no tenemos nada más que «té de la buena suerte» para brindar por el año que se despide, todavía podríamos ser felices si pudiéramos celebrar juntos el día de Año Nuevo. ¡Ay, qué lástima!

Confiando en que comería *zoni*[30] con su mujer el día de Año Nuevo, el marido había comprado dos pares de palillos. Cuando su mirada recayó en ellos, colocados en el extremo del estante, cogió un par y dijo:

—Ahora no hacen falta dos pares. —Y, dicho y hecho, rompió uno de los pares y arrojó los trozos en el fogón.

Al avanzar la noche, la bebé comenzó a llorar y no se calmaba. Las vecinas acudieron en auxilio del atribulado padre y le enseñaron cómo poner *jio*[31] en la papilla de arroz y cómo calentarla para dársela a la bebé por un tubo de bambú.

—Pueden ser solo imaginaciones mías —observó una de las mujeres—, pero me parece que por el aspecto de su barbilla la niñita ha enflaquecido en un solo día.

—No había otro remedio —dijo el hombre para sus adentros.

Y, de repente, sintiéndose enojado, aunque sin saber hacia quién orientar su furia, lanzó las tenazas

---

30 Una sopa con torta de arroz y verduras variadas que se suele tomar en Año Nuevo.

31 Infusión de hierbas medicinales.

que tenía en las manos en dirección al jardín. Al verlo enfadado de semejante manera, las mujeres comentaron entre ellas:

—¡Pobre marido, qué hombre tan infeliz! Por el contrario, su mujer lo pasará mejor. A su nuevo patrón le encanta tener una sirvienta bien parecida, sobre todo porque ella se parece mucho a su esposa, que murió hace poco. De verdad, si la observas desde atrás, dirías que se ve tan atractiva como la difunta.

—¡Por todos los budas!

Apenas oyó este comentario, el marido tomó el dinero que había recibido por el contrato de su mujer, que permanecía intacto, y salió a toda carrera, como alma que lleva el diablo. Sentía que prefería morir de hambre antes que permanecer separado de su amada un instante más.

Así, regresó a casa con su mujer y celebraron la llegada del Año Nuevo, entre lágrimas, ¡pero juntos!

4.
HASTA LOS DIOSES SUELEN EQUIVOCARSE

Cada año, en octubre, todos los dioses de las provincias de Japón se reúnen en el Gran Santuario de Izumo para discutir sobre la paz y el bienestar del pueblo. En esa magna asamblea también se asignan a los dioses los lugares a los cuales serán destinados para la celebración del Año Nuevo que se acerca. Los más virtuosos, para mayor seguridad, son elegidos con el objeto de ocuparse de Kioto, Edo y Osaka. Asimismo, los dioses veteranos se asignan a Nara y Sakai. Por su parte, los dioses apropiados se ocuparán de Nagasaki, Otsu y Fushimi. Otros dioses meritorios se seleccionan como responsables de los pueblos adyacentes a los castillos donde residen los señores feudales, así como de los puertos de mar, los principales pueblos del interior y las aldeas de las montañas. Además, es tarea de todos los dioses atender durante la llegada del Año Nuevo a los más humildes habitantes de las islas más lejanas y de las chozas más pobres: a todos aquellos que ofrendan tortas de arroz y adornan sus portales con ramas de pino.

En cuanto a sus propias y particulares preferencias, los mismos dioses se inclinan por participar de las fiestas de fin de año en las zonas urbanas, y para nada les interesa que los asignen a las áreas rurales. En cualquier caso, si les correspondiera elegir entre la ciudad y el campo, sin duda alguna desde cualquier punto de vista preferirían la primera alternativa.

El tiempo pasa raudo como la corriente de un río, pues, agitando las olas de los días y los meses, de súbito llega el último día de diciembre. Aquí, en la ciudad de Sakai, las personas son en extremo celosas de su fortuna, siempre calculando las maneras de protegerla. Todo el mundo aparenta vivir de la forma más modesta, cuando en realidad vive mucho mejor. Desde el exterior, su casa está profusamente enrejada, como aquella de un comerciante retirado, pero en su interior es amplia, cómoda y espaciosa. Procura evaluar todo el tiempo sus ingresos anuales y vivir conforme a ellos.

Supongamos que un hombre tiene una hija. Después de que esta haya pasado la viruela, el padre estima qué tan hermosa o fea es y si podría convertirse en una mujer de belleza mediana; aunque todavía tiene cuatro o cinco años, comenzará a acumular su ajuar de novia, pieza por pieza y año tras año. Si la hija por casualidad no ofrece ningún atractivo, él sabe que un hombre joven no se casaría con ella sin una dote.

En ese caso, el padre se dedicará a prestar dinero a una tasa alta o llevará a cabo algún negocio suplementario con la finalidad de obtener ingresos extras, de manera que en el momento del casamiento de su hija no se vea en la necesidad de afrontar una serie de dificultades. Esto demuestra que es un hombre perspicaz.

Como resultado de su previsión, su casa se hace cada vez más grande al agregar una y otra habitación, y antes de que el tejado se vuelva demasiado viejo lo recubre con tablas. Para prevenir el desgaste de las columnas, las refuerza con cimientos de piedra. Asimismo, vigila los canalones de cobre. Varios años antes de que se vea obligado a repararlos, comienza a observar con atención los altibajos del mercado del cobre, y, cuando el precio alcanza el punto más bajo, aprovecha para ordenar la reparación. El traje tejido a mano que viste a diario se conservará sin ninguna rotura, pues sus movimientos son siempre pausados y sin prisa. Por lo tanto, sus ropas le otorgarán siempre la apariencia distinguida de un caballero, y además le han resultado muy económicas. Los muebles y otros utensilios de su propiedad se han ido heredando de una a otra generación, de tal modo que cuando ofrece el té de fin de año da la impresión de que disfrutara de una existencia muy lujosa, cuando en realidad tales implementos no le han costado casi nada. Esas son algunas de las prácticas con las cuales uno se las arregla sabiamente para vivir en este mundo.

Si hasta los hombres ricos tienen que ocuparse de la economía, cuánto más esencial será para aquellos que son menos acaudalados. En lugar de utilizar durante la noche una almohada para dormir, lo más apropiado sería que apoyara su cabeza en un ábaco, consciente aun en medio de su sueño de que la proximidad del fin de año pudiera decidir su suerte. Si quiere contemplar las hojas rojas del arce en otoño, debería hacer un buen uso de su imaginación que le permitiera verlas en el arroz rojo y barato que muele con su mortero de mano. En lugar de comerse el pargo rojo en la época de la floración de los cerezos, lo más prudente sería que lo enviara para venderlo en Kioto, donde su demanda es muy grande. Nunca debería comprar una carpa de río, ni siquiera con el pretexto de que huele a lodo, salvo, desde luego, cuando tenga un huésped al que desea complacer. Kioto está rodeado por montañas, pero las personas que viven allí gustan de comer bonito, mientras que la gente que vive cerca del mar prefiere comer pescados más pequeños. Pareciera que se guiasen por el proverbio que reza así: «Al pie del faro reina la oscuridad».

Lo cierto es que las cosas de la vida no siempre son lo que parecen. En una Nochevieja, el dios designado para aquel año entró sin previo aviso en la casa de un comerciante en apariencia muy próspero con el propósito de recibir los honores durante la celebración del Año Nuevo. En la casa en cuestión, el altar de Año Nuevo estaba preparado, pero la lámpara votiva no se había encendido. Se respiraba un aire de soledad y de mal agüero en aquel lugar. Sin embargo, como aquella era la casa de su elección y, además, como no era aconsejable compartir la celebración de fin de año con otro dios, ya que, si se trasladaba a una casa distinta, eso sería lo más probable, decidió permanecer donde estaba, picado por la curiosidad de ver cómo el dueño celebraría el Año Nuevo.

Cada vez que se abría la puerta, podía escuchar a la dueña de casa, que repetía tímidamente la misma excusa: que su marido no había vuelto todavía y que sentía mucho que el visitante se hubiera presentado en vano tantas veces. Entre tanto, pasó la medianoche y se acercaba el amanecer. Pero aún los cobradores continuaban llegando a la casa uno tras otro, y algunos comenzaron a vociferar:

—¿Cuándo, por fin, regresará el señor?

En aquel preciso momento, apareció un empleado a toda prisa, y casi sin aliento informó de lo siguiente:

—Mientras estábamos a medio camino de Sukematsu, de repente nos asaltaron unos pillos que se llevaron al señor hasta un pinar, donde lo amenazaron con matarlo si no les entregaba todo su dinero. A duras penas pude escapar y salvar el pellejo.

—¡Cobarde! —exclamó la señora, mostrándose muy asombrada—. ¡Vergüenza debería darte! ¿Dónde está tu hombría? ¡Abandonar a tu patrón justo cuando su vida corre peligro!

Viéndola deshecha en lágrimas, los cobradores se fueron retirando del lugar uno tras otro. Luego el cielo comenzó a iluminarse. Cuando el último cobrador hubo desaparecido, la tristeza de la señora fue desapareciendo hasta que su fisonomía adquirió su alegría habitual. Entonces el empleado sacó una bolsa de dinero y le dijo:

—Los campesinos también andan apurados de dinero por estas fechas. Solo pude cobrar treinta y cinco *momme* de plata y seiscientos *momme* de cobre.

Este empleado, que trabajaba con una familia astuta y tramposa, tampoco tenía un pelo de tonto para los asuntos concernientes al dinero.

Durante todo aquel tiempo, el patrón había estado oculto en un rincón del desván. Acostado, leía la misma novela repetidas veces. Se trataba de la triste historia de un pobre *ronin* que vivía en Fuwa, en la provincia de Mino. Viéndose incapaz de arreglárselas para pasar el fin del año, en su desesperación había dado muerte a puñaladas a su mujer y su hijo, y después puso fin a su vida con sus propias manos. Esta historia, particularmente patética, conmovió profundamente al patrón, ya que él se encontraba en una situación similar. «Bueno, ese pobre diablo tenía toda la razón», dijo para sus adentros, y se echó a llorar en silencio.

Pero cuando al fin le informaron de que los cobradores se habían marchado, desistiendo del fastidioso acoso que habían montado, recuperó la suficiente compostura y abandonó con fingida timidez su escondite. Quejándose con un suspiro de que había envejecido varios años durante las duras pruebas de aquella noche, y arrepintiéndose vanamente de sus descuidos del pasado, se dio a la tarea de comprar el arroz y la leña cuando los demás comían *zoni* y celebraban las fiestas de fin de año.

El día de Año Nuevo, el dueño y su familia comieron arroz ordinario y tuvieron que esperar hasta la mañana del segundo día para preparar *zoni* y ofrendárselo a Buda y demás dioses.

—Durante unos diez años —dijo a manera de excusa— la tradición en nuestra familia ha sido celebrar el Año Nuevo el segundo día. Por favor, perdónennos por servirles en una bandeja tan vieja.

Además, esa noche no se sirvió ninguna cena. El dios designado de aquel año nunca se hubiera imaginado que el dueño de esa casa fuese tan pobre. Al transcurrir los primeros tres días del nuevo año, el dios se despidió de la casa y encaminó sus pasos hacia el Santuario de Ebisu en Imamiya. Allí le informó al mismo Ebisu acerca de las ofrendas tan miserables que había recibido en la casa de aquel pobre hombre, una casa que desmentía totalmente su vistosa apariencia externa.

—Creo más bien que el estúpido fuiste tú. Siendo un veterano en estas lides, ¿cómo es que no estabas enterado? —le reprochó Ebisu—. Antes de visitar una casa, tienes que averiguar el estado financiero de su dueño. Nunca entres en una casa cuyo portal esté sucio, ni en una en la cual los bordes del tatami se vean desgastados, ni tampoco donde la dueña tenga que halagar a la sirvienta. Aunque Sakai es una ciudad grande, el número de hombres pobres como aquel del que me cuentas es en realidad de apenas cuatro o cinco como máximo. Tuviste mala suerte al visitar por casualidad a uno de esos pocos. Tengo aquí gran cantidad de sake y pargos que los mercaderes de todas las provincias me han ofrendado. Quédate, come y bebe antes de tu vuelta a Izumo. Eso compensará la mala suerte que tuviste al tener que consumir alimentos tan frugales.

De esa manera, Ebisu entretuvo al pobre dios del fin de año con abundante y apetitosa comida y bebida, y le permitió permanecer con él algún tiempo.

La historia anterior llegó a oídos de los mortales porque un hombre que visitaba el Santuario de Ebisu temprano en la mañana de aquel día escuchó a hurtadillas la conversación que entablaban los dioses en el recinto interior. Esto demuestra que incluso en la colectividad de los dioses hay distinciones entre ricos y pobres. Siendo así, resulta de lo más natural que las fortunas humanas sean tan dispares. Por lo tanto, te corresponde a ti y a nadie más ocuparte de tus quehaceres cotidianos, trabajando con toda diligencia para que el dios designado que viene a visitarte una vez al año no sufra ninguna clase de malestar ni ningún inconveniente.

LIBRO IV

I.
LA NOCHE DE LOS INSULTOS

Cada localidad tiene sus costumbres peculiares. En algunas aldeas de los distritos de Kanto, el festival para el dios se celebra en Nochevieja. Asimismo, ese día, en la provincia de Settsu, los patrones del Santuario de Nishinomiya tienen por costumbre permanecer en casa todo el día. Mientras, en Hayatomo, en la provincia de Buzen, se oficia un servicio divino que consiste en la recolección de algas marinas. En la apartada aldea de Tamba, la tradición dicta que las bodas se celebren durante la Nochevieja.

La ceremonia en honor a los muertos se solía realizar en Nochevieja, de modo que, mientras las personas estaban ocupadas con los preparativos del Año Nuevo, tenían al mismo tiempo que disponer del incienso y las flores para honrar a sus muertos. Con una mano preparaban las ofrendas para el dios del Año Nuevo y con la otra se ocupaban de sus antepasados. Para reducir esa carga de trabajo, algunos sabios de aquellos días, sin licencia del paraíso, cambiaron el día de la ceremonia fúnebre al 14 de julio. Los hombres sabios de hoy preferirían organizar aquel culto ancestral durante la estación equinoccial de primavera o en otoño, lo que representaría un beneficio económico inestimable para las incontables generaciones del futuro.

El día del Festival del Santuario de Ikutama en Osaka está fijado para el 9 de septiembre. Por fortuna, este coincide con el día del Festival del Doble Noveno, en el cual cada familia prepara una comida consistente en pescado a la vinagreta y algunos asados, y como la celebración es igual para cada hogar, no existe el riesgo de que se presenten huéspedes sin previo aviso. Imagínense los ahorros que se hacen en esta ocasión y se darán cuenta de que ascienden a un monto enorme. En este caso, parece que el dios fijó este día para la celebración considerando los ingresos de sus feligreses.

Cada Nochevieja se cumple en Gion de Kioto un servicio divino que comienza con la quema de rústicos listones de madera. Luego, la intensidad de las luces sagradas se va reduciendo hasta que los participantes no se reconozcan el rostro unos a otros a causa de la oscuridad. Después, se procede a la división de hombres y mujeres, ancianos y jóvenes, en dos grupos, que se dedican enseguida al intercambio de insultos, cada grupo colmando de los insultos más groseros posibles al otro, hasta el punto de que los asistentes se retuerzan de la risa. Damos algunos ejemplos:

«Durante uno de los tres primeros días del Año Nuevo, una torta de arroz se te atravesará en la garganta y serás incinerado en Toribeno».

«Eres cómplice del crimen de un traficante de esclavos: ambos irán montados a caballo a pelo hasta Awataguchi, donde serán ejecutados».

«El día de Año Nuevo tu mujer enloquecerá y arrojará a vuestro pequeño hijo al fondo de un pozo».

«Los mensajeros del infierno te llevarán en su llameante carroza y luego te devorarán».

«Tu padre fue un lacayo de la villa».

«Tu madre solía ser la concubina de un monje budista».

«Tu hermano es el compinche de un estafador».

«Tu tía es una comadrona especialista en abortos».

«Tu hermana saldrá a comprar pasta de soja sin haberse puesto bragas, tropezará, se caerá en la calle patas arriba y causará un gran escándalo».

De esta manera se lanzan tontamente palabras sucias unos a otros, sin agotar un posible catálogo de abusos.

Sucedió que uno de los participantes más sobresalientes de estos torneos de insultos era un joven de veintisiete o veintiocho años, cuyas ocurrencias y groserías superaron en elocuencia a las del resto de los competidores. Uno tras otro, sus rivales fueron sucumbiendo ante sus arteros ataques y ofensas, hasta el punto de que nadie se atrevía a desafiarlo.

Justo en ese momento, desde un pino ubicado a la izquierda, a través de la oscuridad reinante, se dejó oír una voz:

—¡Eh, muchacho que se las da de hombrecito, hablas como si lucieras un flamante traje de Año Nuevo! ¿Qué tienes bajo ese kimono? ¡En una noche tan fría como esta, no llevas siquiera una prenda acolchada!

Fue un disparo lanzado al azar que, no obstante, hirió en lo más hondo al aludido. El sujeto resultó tan duramente golpeado en un punto sensible que no alcanzó a decir una sola palabra y se perdió raudo entre la multitud en medio de las risas generales. Incidentes como este demuestran que nada hiere tanto como la verdad. De cualquier modo, mientras persista la claridad, más vale comenzar a prepararse para la oscuridad de la Nochevieja, pues, como dice el refrán: «La pobreza es una desconocida de la diligencia».

Varias personas caminaban una noche por la calle Sanjo; hablaban, pero nadie lo hacía con alegría.

—¿A dónde diablos habrá ido a parar todo el oro y la plata que ha proliferado en esta ciudad florida? —preguntó uno. Y enseguida continuó quejándose—: Quizá los demonios se lo llevaron todo cuando fueron desterrados la noche aquella de desparramar habichuelas. Me parece que durante los últimos años me he llevado muy mal con el dinero: ¡recientemente no he visto ni una moneda!

Justo en el instante en el que el sujeto hacía este comentario, pasaron tres carruajes cargados con cofres de dinero, escoltados por seis hombres, portando cada uno una linterna marcada con la insignia familiar: un chevrón y tres estrellas. Detrás de ellos caminaban dos hombres con apariencia de empleados que hablaban en los siguientes términos:

—Dicen que en este mundo el dinero escasea, pero en realidad donde se encuentra reina la abundancia. La remesa de dinero de estos carruajes es la que nuestro viejo patrón ha ido guardando para los gastos menudos de su anciana madre. Al principio se depositó en la caja fuerte de un gran almacén en abril del primer año de Myoreki[32], y hoy se deja ver por primera vez desde entonces. Se ha sacado al exterior para que se ventile después de su larga y triste prisión. Este dinero me recuerda a una chica muy agraciada que se hace monja al nacer: nunca ha sido acariciada por un hombre, nunca ha disfrutado del buen tiempo. Además, la pobre al final está destinada para servir en el templo.

Carcajeándose de sus propias bromas, los hombres siguieron hablando:

—Hoy, cuando sacábamos este dinero del depósito, vi por casualidad la caja fuerte de la casa vecina. Había un montón de cofres de dinero con rótulos que

32 Primer año de la época de Myoreki (1655).

databan de la era Kan'ei[33]. Resulta sorprendente que una riqueza tan enorme se haya acumulado durante una sola generación. En términos generales, los hombres ricos de este mundo son tacaños por encima de todo. En cualquier caso, es prácticamente imposible hacerse rico sin ganarse una mala reputación. Por el contrario, nuestro patrón es a todas luces tan liberal y generoso como un señor feudal de nacimiento. Aunque ha vivido con grandes lujos durante toda su vida, sigue siendo tan rico como antes. Pareciera en realidad que fuese la encarnación de la buena fortuna.

»Hasta el presente, estaba satisfecho de disfrutar de su jubilación viviendo en la casa de su hijo mayor, pero ahora que su segundo hijo tiene casa propia ha cambiado de opinión y prefiere vivir con este. Ya que en esta familia la voluntad del hombre mayor es ley, a comienzos del pasado mes de noviembre empezaron a trasladar sus cosas, y estos cofres de dinero constituyen la última carga que debemos trasladar. Once criadas fueron enviadas desde la casa del hijo mayor para atender al señor padre. Por otra parte, siete gatos acompañaron al patrón, llevados cómodamente en un palanquín como si se tratara de seres humanos.

»El día 21 de este mes, como de costumbre, el amo obsequió con vestidos nuevos a sus empleados: cuarenta y ocho trajes para los hombres, cincuenta y

33 Era Kan'ei (1624-1643).

uno para las mujeres y veintisiete de tallas pequeñas y medianas para los niños y las niñas; un total de ciento veintiséis. Todos fueron encargados en Sasaya, y sin excepción cada uno de los empleados recibió su respectivo traje. Ninguno se quedó sin su regalo. Imagínese cuánto le habrá costado: ¡un montón de dinero, suficiente para establecer un negocio!

»En cuanto al joven patrón, ayer, cuando el dueño de un teatro lo visitó para presentarle sus respetos y en el transcurso de la conversación se quejó de que no podría dar el primer espectáculo teatral de este año por falta de fondos, este le otorgó en el acto un préstamo de quinientos *ryo* de oro.

»Desde que entramos a servir en esta casa, nunca hemos visto a nuestro patrón o a su hermano tocar el dinero con sus propias manos. Desde luego, ellos no tienen idea de lo ricos que son en realidad, porque dejan todos los detalles de sus negocios en manos de sus nueve administradores.

Conversando de esta manera, los dos hombres entraron al solar de una casa de aspecto imponente, y después de anunciar que el dinero del patrón jubilado había llegado lo depositaron en la caja fuerte.

El hombre del año de esta casa, después de asegurarse de que en cada rincón apropiado de esta se había encendido una vela sagrada, comenzó a repetir la operación en cada una de las cajas fuertes. El patrón, al verlo, se rio y le dijo:

—¡Qué hombre del año tan novato tenemos aquí! Para aquel que posea mil *kan* o algo así sería muy adecuado prender velas en los rincones de la caja fuerte, pero, si comenzáramos a hacerlo en este sitio, tendríamos que encender veinticinco o veintiséis velas. ¿Para qué necesitaría encender tantas?

Los pobres tipos que habían seguido la procesión de los carruajes hasta la casa permanecían en el lugar, envidiando su aparente opulencia. Continuaron observando cómo iban llevando hacia el interior los cofres de dinero, que formaron una pila en el piso. Los hombres que acompañaban la consignación de dinero y que tenían el aspecto de ser empleados de una casa de cambio le pidieron al jefe de la casa permiso para guardarlo con seguridad en una de las cajas fuertes. Intentaron hacer lo mejor para persuadirlo, le suplicaron de rodillas, pero el jefe rehusaba con terquedad recibirlos mientras les recordaba:

—Cada año les hemos advertido, y ya deben estar bien enterados de que en Nochevieja no recibiremos el dinero de ninguna casa después de las cuatro. Es incómodo tener que molestarse por una suma tan pequeña, y además tan tarde en la noche.

Sin embargo, después de mil excusas y prolongadas adulaciones, los emisarios finalmente tuvieron éxito y convencieron al jefe para que aceptara el depósito de dinero. Le entregaron los tres cofres, que contenían la suma total de seiscientos setenta *kan*, recibieron el comprobante con agradecimientos infinitos y al fin se fueron.

Los cofres con el dinero, debido a que las cajas fuertes ya estaban firmemente cerradas, se amontonaron en la cocina detrás de la caldera. Fue allí donde esta gran fortuna vio la despedida del año viejo: en la cocina, como si se tratara de escombros o piedras sin ningún valor.

2.
LAS FIESTAS EN EL PISO DE LA COCINA EN NARA

Resulta curioso e interesante contar con el mismo vendedor ambulante que vuelve año tras año para así llegar a conocerlo por haberlo tratado durante un largo período.

Había una vez un pescadero que frecuentó Nara por espacio de unos veinticuatro o veinticinco años. Como se dedicaba exclusivamente a la venta de pulpos, lo llamaban Hachisuke de «Pulpos», y todo el mundo lo conocía. Tenía un nutrido grupo de clientes que le permitían sostener a su familia de tres miembros, pero a pesar de esto nunca en la Nochevieja había podido despedir el año ni tan siquiera con una pequeña suma de quinientos *mon*. Lo único que lograba reunir para el día de Año Nuevo apenas le alcanzaba para alimentar a su familia y contar con un tazón de *zoni*.

Desde su juventud, Hachisuke siempre había permanecido atento al arte de ganarse la vida. Cuando su madre viuda le pidió que le comprara un brasero, sin escrúpulo alguno se adjudicó una comisión por el servicio. En cuanto a sus vecinos, de más está decir que nunca haría por ellos ningún favor de manera gratuita. En una ocasión, cuando se necesitó una comadrona de urgencia, se decidió a salir en su búsqueda solo cuando le sirvieron una comida apresurada. Este mundo está verdaderamente lleno de avaricia, pero la de Hachisuke era tan exagerada que incluso cuando fue a comprar la tela para la mortaja de un miembro del Club de Recitación de Oraciones, del cual él mismo era miembro, insistió en obtener su comisión por la compra. Hachisuke era la clase de individuo que se alegra cuando alguien muere si con ello logra hacerse con algún beneficio. Con todo y a pesar de su egoísmo, permanecía siempre pobre, lo que tal vez signifique la existencia de la justicia divina.

Es un hecho aceptado que un pulpo tiene ocho patas, pero, desde el primer día, cuando Hachisuke comenzó a vender pulpos en Nara, se acostumbró a cortarles una pata y ofrecer así pulpos de siete patas. Pero nadie se dio cuenta de aquella práctica artera. Entonces, hizo contratos con los dueños de algunos restaurantes de Matsubara que solían comprar las patas cortadas de los pulpos. ¡Qué horror! ¡La mente humana está plagada de pensamientos avaros!

Hay un proverbio que reza lo siguiente: «Puedes engañar setenta y cinco veces, pero nunca más», pues el tiempo de que descubran tus artimañas llega inexorablemente. Una Nochevieja, Hachisuke decidió cortar dos patas de cada uno y vender pulpos de seis patas; sus clientes habituales estaban tan ocupados que no se dieron cuenta del engaño. Y así continuó vendiendo los pulpos mutilados hasta que llegó a la calle Tegai. Lo llamaron desde una casa rodeada por una cerca de bambú en forma de diamante y le compraron dos pulpos. Cuando se disponía a salir, el dueño de la casa, cuya cabeza estaba rapada como la de un bonzo, le lanzó una mirada escrutadora desde su juego de go[34]. Suspendió la partida, se acercó a Hachisuke para observar con atención los pulpos y murmuró:

—Parece que se echan de menos las colas.

Luego advirtió que faltaban las patas y tronó de repente:

—¿En cuál de los siete mares has pescado estas anomalías? Desde la era de los dioses, ningún libro ha hecho mención de pulpos de seis patas. ¡Qué vergüenza, has estado engañando a toda la gente de Nara! ¡Recordaré bien tu cara, pescadero!

—¡Muy bien! —replicó Hachisuke—. Yo, en cambio, me niego a vender mis pulpos a un sujeto tan perezoso como usted, que juega al go en Nochevieja.

---

34 Juego estratégico de origen chino (siglo VI antes de Cristo), muy popular en Japón, parecido al ajedrez; se juega entre dos personas sobre un tablero de 19 por 19 cuadrados. El objetivo es conseguir el dominio territorial.

Más tarde, este incidente se hizo de conocimiento público, aunque nadie parecía saber exactamente quién lo puso en circulación. Debido a que Nara no es una ciudad muy grande, la mala fama de Hachisuke como «cortador de patas» se propagó por todas partes, hasta que el sujeto de marras ya no pudo seguir vendiendo sus pulpos mutilados en aquel lugar; y todo a causa de su desmedida codicia.

Durante la Nochevieja, Nara es una ciudad mucho más tranquila que Kioto u Osaka. La gente paga las deudas que ha adquirido a crédito con el dinero en efectivo del que dispone. Y, si alguien afirma que no puede pagar una cuenta, los cobradores aceptan su palabra y se retiran, sin quedarse a presionar para que pague. Hacia las diez de la noche, cuando ya se han liquidado los asuntos del pago de las deudas, la gente de Nara disfruta del ambiente de Año Nuevo, celebrando lo que llaman una «fiesta en el piso de la cocina». Encienden una hoguera en la cocina debajo de la caldera y extienden esteras de paja sobre el piso de tierra. Luego, salen de sus respectivos aposentos los habitantes de la casa, desde el amo hasta los sirvientes de menor rango, y se sientan sobre las esteras. Siguiendo una costumbre local, extraen de sus cestos las tortas de arroz que han traído para la ocasión, las asan y se las comen todos juntos. Es una hermosa experiencia contemplar esa reunión fraternal, da la impresión de que toda la familia vive en armonía y paz.

La gente de clase baja que vive fuera de la ciudad comienza a celebrar las fiestas de fin de año visitando en primer lugar la casa de Inaba, un seguidor del noble monje del Templo de Daijoin. Posteriormente, recorren la ciudad cantando: «¡Riqueza, riqueza, riqueza!», y en cada casa les regalan tortas de arroz y monedas de cobre. Es un caso similar al de los llamados «exorcistas del diablo» en Osaka.

Al amanecer del día de Año Nuevo, se puede ver a las personas que venden estampas de Daikoku, el dios de la riqueza, clamando a voz en cuello: «¡Ganen su buena fortuna! ¡Adquieran sus paquetes de la buena suerte!». Al alba del segundo día, venden las estampas de Ebisu, otro dios de la buena suerte, vociferando entretanto: «¡Obtengan su Ebisu aquí!». Y, finalmente, al amanecer del tercer día, ofrecen las imágenes de Bishamon gritando: «¡Bishamon! ¡Consigan aquí su Bishamon!». En fin, durante los tres primeros días del año, venden las figuras de los dioses de la prosperidad.

En lo que respecta a los ritos acordados para el día de Año Nuevo, la gente de Nara, antes de salir a saludar a sus parientes y amigos, visita el santuario sintoísta de Kasuga. En tan solemne ocasión, invitan a sus familiares, incluidos los más remotos en parentesco, y de esta forma el ritual se hace muy alegre y animado. Cuanto más amplio sea el grupo que se reúne, más prestigiosa será su reputación a los ojos del mundo.

Dondequiera que usted vaya, encontrará que la riqueza es la condición que despierta la mayor de las envidias. Los comerciantes de telas de algodón blanqueadas de Nara venden sus mercancías a crédito a los fabricantes de textiles de Kioto, cobrando el dinero en Nochevieja. Esa misma noche, en cuanto cierran sus libros de cuentas, los comerciantes de Kioto se dirigen a Nara con los miles de *kan* de plata que han ganado con sus telas, en una procesión alumbrada por llameantes antorchas. Justo al amanecer, la romería llega a Nara, donde los comerciantes almacenan el oro y la plata en las bóvedas acondicionadas para tal efecto. Según la costumbre, comienzan a hacer el balance de sus deudas y créditos el 5 de enero.

En una apartada aldea de Yamato, vivía en otro tiempo un grupo de *ronin* empobrecidos a los que, viendo lo difícil que sería para ellos pasar el fin de año, se les ocurrió la idea de asaltar la procesión de cofres de dinero en su camino hacia Nara. Así las cosas, una pandilla de cuatro *ronin* tramó en secreto un plan para apoderarse de aquel cargamento aun a riesgo de su propia vida. El ataque resultó exitoso, pero cuando abrieron el primero de los cofres descubrieron consternados que no contenía monedas de baja denominación como las que necesitaban para beberse unos tragos, sino piezas valiosas de treinta y cincuenta *kan*. Revisaron los demás cofres con igual resultado; no se atrevieron a apropiarse de una suma tan elevada, y no les quedó más remedio que abandonar los cofres intactos.

Entonces los ladrones se desplazaron al Puerto Oscuro entre Osaka y Nara, y ahí permanecieron al acecho de los viajeros que regresaban de Osaka. Al acercarse un hombre de baja estatura que portaba un paquete envuelto en una estera de paja, los ladrones hablaron entre sí:

—Qué habilidoso, llevar una cosa pesada como si fuera ligera. Seguramente que ahí esconde su dinero.

Así que lo asaltaron; pero, cuando se alejaban con el paquete, el hombre les dijo a gritos que aquello no les serviría para su uso inmediato.

¡Imaginen cuál no sería la sorpresa y consternación del cuarteto de asaltantes al descubrir que el paquete solo contenía huevas secas de arenque!

3.
CUANDO LOS PATRONES HACEN UN CANJE DE CASAS

El ruido del agua se dejó escuchar con tremenda fuerza la noche del 29 de diciembre cuando las olas del fin del año azotaron la playa de Fushimi. La embarcación para Osaka estaba a punto de partir, y, como los pasajeros tenían más prisa que de costumbre, urgieron al barquero para que se marchara enseguida. El barquero, consciente de la cercanía del Año Nuevo, respondió con tranquilidad:

—No se preocupen. Yo sé igual que ustedes que apenas nos quedan dos días de este año: hoy y mañana.

Normalmente, los pasajeros de la embarcación con destino a Osaka no suelen ser silenciosos. Algunos hablan de los escándalos públicos, cantan cancionetas de *joruri*[35] o de *utai*[36] o entonan melodías propias de los

---

35 Forma tradicional de música narrativa japonesa, cantada con acompañamiento de *shamisen* (ver nota 25).

36 Canto que acompaña las obras de teatro *noh*.

bailes, al tiempo que otros se distraen con fanfarronadas o imitaciones de los actores populares. Pero esa noche todos parecían callados y taciturnos.

Al fin, la embarcación abandonó el muelle. El silencio se rompía de vez en cuando por algún sordo murmullo o por las voces airadas de alguien que descargaba su furia contra el mundo en general, quejándose de que en esta vida breve aguardar el arribo del Año Nuevo era como esperar la llegada de su última hora. Otros pasajeros, incapaces de conciliar su sueño habitual, lucían serios y preocupados. Entonces un sujeto, con aspecto de empleadillo de baja categoría, comenzó a cantar a viva voz y sin cesar algunas baladas que habría aprendido en un burdel de mala muerte. Acompañado por un *shamisen* y llevando el compás con grotescos movimientos de cabeza, desentonaba de tal manera que todos los pasajeros manifestaron su descontento por aquella pésima actuación.

Mientras tanto, la embarcación había avanzado hasta el puente pequeño de Jodo. Al deslizarse entre los pilares con la popa hacia adelante, un individuo que se acababa de despertar de una larga siesta, asumiendo una actitud juiciosa, habló de tal manera que parecía indicar que se consideraba a sí mismo como la única persona inteligente a bordo:

—Observen aquello —exclamó—. Si un hombre trabaja día y noche durante todo el año con diligencia infatigable como aquel molino de agua que ven allá, al final del año podrá equilibrar sus cuentas de acuerdo con los cálculos que hizo de antemano. Pero, si ha sido perezoso a lo largo del año, de nada le servirá comenzar a esforzarse poco antes del fin del año.

Los pasajeros que lo estaban escuchando inclinaron la cabeza en señal de aprobación. Entre ellos había un hombre que vivía en la calle Posada en Hyogo.

—Esas palabras suyas han llegado directas a mi corazón —dijo—. Como vivo cerca del mar, puedo capturar muchos peces y vivir con comodidad. Sin embargo, descubro siempre al final del año que de un modo u otro mis ingresos resultan insuficientes para cubrir los gastos. En los últimos catorce o quince años, me he acostumbrado a visitar a mi tía materna en Otsu para pedirle en préstamo una pequeña cantidad de dinero, digamos, setenta u ochenta *momme*; no obstante, nunca he llegado a pedirle cien. Pero este año, por la razón que fuere, ella estaba tan harta de mis peticiones anuales que me rechazó rotundamente. Como daba por sentado que podría obtener aquel préstamo con facilidad, al igual que si recuperara algo que había dejado atrás por un olvido, su rechazo me golpeó con dureza. Y de momento no tengo la menor idea de cómo me las arreglaré para pasar este fin de año en casa.

Otro pasajero habló así:

—Llevé a mi hermano menor a Kioto para entrevistarme con un actor con quien he mantenido cierta amistad. Yo esperaba colocar a mi hermano como aprendiz en su compañía de teatro y emplear el dinero que le adelantarían para pasar con comodidad el fin de año. Aunque es de mi misma sangre, tiene muy buen tipo, es guapo y creía que con seguridad algún día se convertiría en una luminaria. Lo lamentable, sin embargo, fue que el actor rehusó tomarlo como aprendiz, diciendo que sus orejas son demasiado pequeñas para un actor normal. En consecuencia, no me quedó más remedio que volver con mi hermano desde Kioto.

»No obstante, aprendí algo: que en este mundo hay personas de cualquier calaña. Todos los días, unos veinte o treinta chicos de doce o trece años, bien parecidos y educados, solicitan su ingreso en aquella compañía de teatro. Los agentes afirman en confianza que algunos de ellos son hijos de un *ronin* o de un médico; es decir, sus padres son de procedencia noble. Pero, como les ha parecido difícil sobrepasar este fin de año y desean poner de aprendices a sus hijos con la compañía teatral, el empresario puede escoger al que se le antoje para un término de diez años por un pago que va desde un *kan* hasta treinta *momme* de plata.

»En cuanto a la blancura del cutis y el refinamiento de los modales, los chicos procedentes de otros distritos no le pueden llegar a la suela de los zapatos a los originarios del área de Kioto-Osaka. Así que tengo que volver a casa después de perder los gastos del viaje.

Entonces otro sujeto habló de esta manera:

—Mi padre me legó un cuadro con los nombres sagrados de los budas escritos por el mismísimo santo Nichiren. En una ocasión, un individuo de Uji deseaba de tal manera aquel cuadro que estaba dispuesto a pagar cualquier precio para obtenerlo, pero entonces yo me mostraba reacio a deshacerme de él, pues había decidido conservarlo. Este año, sin embargo, me vi muy apurado de dinero, y emprendí el largo camino hasta Uji con el propósito de ofrecerle en venta al tipo aquel el cuadro que tanto le había interesado. No sé a cuenta de qué, pero entretanto el señor de Uji se había convertido a la secta de Jodo y ya no le interesaba para nada el dichoso cuadro. Como mis expectativas se hicieron pedazos, me sentí muy desconcertado. Y ahora no tengo ningún plan alternativo para salir de este apuro. De todos modos, como me resultaría tan molesto regresar a casa y encontrarme con los fastidiosos cobradores, de momento intento dirigirme directo al monte Koya sin detenerme para nada en Osaka. ¡Cómo se estará riendo entre dientes el omnisciente Kobo Daishi!

Le tocó el turno al cuarto hombre, que habló así:

—Yo solía vender arroz a los tejedores de Kioto, a crédito, y de esa manera despedía el año sin ningún tipo de preocupación. El acuerdo que tenía con ellos consistía en que les suministraba el arroz a crédito en diciembre por un valor de cuarenta y cinco *momme* por *koku*. A finales de marzo, me pagaban cincuenta y ocho *momme* por *koku*. De esta manera, mantuve el trato durante varios años, pero, en esta ocasión, tras una reunión que sostuvieron los integrantes del gremio de tejedores, decidieron no comprarme más arroz, alegando que la tasa de interés de trece *momme* por *koku* por un lapso de tres meses les parecía exorbitante. Me dijeron que preferirían celebrar el Año Nuevo sin mi arroz. En consecuencia, los gastos que hice para transportar el arroz por mar hasta Toba se perdieron. Tuve que dejarlo allá almacenado en un depósito y regresar a casa.

Estas historias verdaderas de la vida de la gente común prueban que no había ni siquiera uno a bordo de la embarcación que no tuviera algún tipo de preocupación. Ninguno de ellos podría pasar la Nochevieja en casa. Era imposible para esas personas visitar a sus amigos y pernoctar en sus casas, porque, a diferencia de los días normales, en esta fecha tan especial la gente está extremadamente ocupada. Podrían pasarse las horas diurnas contemplando placas votivas en los santuarios, pero al anochecer no tendrán adónde ir. Se dice que algunas personas muy endeudadas mantienen por lo general una amante, en cuya residencia pueden ocultarse con comodidad cuando presienten que el ajuste de cuentas es inminente. Aunque esa posibilidad puede ser factible para aquellos que disponen de mucho dinero, está fuera del alcance de los pobres.

Conocí la historia de un sujeto que desde las primeras horas de la noche comenzaba a cantar ciertas melodías con toda la calma, para envidia de un vecino suyo, que le dijo:

—Deduzco por su alegría que usted ya debe de haber saldado la totalidad de sus deudas pendientes.

El cantante se echó a reír y le contestó:

—Parece que usted no conoce las tácticas que nos permiten mantener el techo sobre nuestra cabeza, en tanto que en este día particular nos hacemos un favor mutuo. Hace ya varios años que se nos ocurrió la idea de rotar durante unos pocos días el gobierno de nuestros domicilios con el fin de sortear el fin de año. Me explico: dos dueños de una casa que se conocen muy bien podrán intercambiar sus hogares por un tiempo. Cuando un cobrador llega a la casa de uno de los conjurados, aquel que está de visita finge que también él es un cobrador, más insistente y desalmado que cualquiera, y se dirige al ama de casa de esta manera: «Señora, sepa usted que esta deuda de su marido es de carácter especial. ¡Arreglaré cuentas con él aunque tenga que arrancarle las tripas!». Cuando los demás cobradores escuchan este lenguaje tan soez, asustados, renuncian a cobrar el pago de inmediato y abandonan el lugar en el acto.

Este es, en pocas palabras, el truco inventando recientemente para burlar a los cobradores, y le han puesto el nombre de «canje de amos de casa». Como aún no se ha divulgado ampliamente, todavía funciona.

4.
LAS TORTAS DE ARROZ DE LA COLUMNA EN NAGASAKI

El último día de noviembre es la fecha límite para que salgan los barcos extranjeros. Después de ese día, Nagasaki se convierte en un puerto desierto. Sin embargo, durante el tiempo en que el comercio con el extranjero está permitido, los comerciantes de Nagasaki obtienen unas cuantiosas ganancias, suficientes para vivir el resto del año. De acuerdo con el valor de su fortuna, tanto los ricos como los menos pudientes viven cómodamente y no tienen necesidad de andar contando sus monedas. Por lo general, como las personas hacen sus compras en efectivo, para el fin de año, cuando según la costumbre se suelen saldar las deudas, no se arma ningún lío. Aunque se acerque el Año Nuevo, los vecinos de Nagasaki salen a beber sake como siempre. Realmente, en esta ciudad portuaria la vida parece más fácil. Aun en diciembre, la gente no anda deprisa, ni se ven los llamados «mendigos de diciembre», como los que observamos por estas fechas en las calles de Kioto y Osaka. Solo por el calendario de Ise, los residentes de Nagasaki se dan cuenta de la llegada del Año Nuevo, y, siguiendo una tradición, el 13 de diciembre se dan a la tarea de limpiar su casa de arriba abajo. El rastrillo de bambú usado para barrer la casa se ata al caballete del tejado y ahí se deja hasta la próxima limpieza.

En cada hogar, de acuerdo con sus propias costumbres, se elaboran tortas de arroz, una de las cuales, la más curiosa y tradicional, se llama «torta de arroz de la columna». Esta torta se confecciona al final, y luego se guarda en la columna central de la casa —de ahí su nombre— con el propósito de consumirla en el Festival de Sagicho, que se festeja el día 15 de enero y que pone punto final a las celebraciones del Año Nuevo.

Como he dicho antes, las costumbres locales individuales son por demás interesantes. En Nagasaki, se dispone en las cocinas una larga mesa que llaman «barra de la fortuna». Sobre la mesa se cuelga una serie de ricos manjares, tales como jureles, pepinos de mar secos, orejas marinas, gansos, faisanes, sardinas y pargos salados, algas comestibles, bacalaos, bonitos, manojos de bardanas y otras comidas, que se ofrecerán a los comensales durante los tres primeros días del nuevo año.

Al anochecer del último día del año, los mendigos, con el rostro encendido por el sake, visitan casa por casa, portando bandejas en las que muestran máscaras de Ebisu y Daikoku —los dioses de la fortuna— y un montón de sal en grano, al tiempo que repiten a viva voz: «¡Las aguas han llegado desde el lugar propicio del mar anunciando la buena suerte que nos visitará este año!». ¿Acaso esta no es una prueba verdadera de que Nagasaki es el puerto número uno del país?

Si bien parece que es una costumbre el hecho de que los regalos de Año Nuevo no deberían ser demasiado costosos, las cosas que se obsequian por estas fechas en Nagasaki son meras bagatelas: a los hombres, un abanico —cincuenta como ese cuestan un *momme*—; y a las mujeres, una pizca de hojas de té envueltas en papel. Como esta indiscutible tacañería responde al parecer a una antigua tradición, nadie se recrimina a sí mismo por permanecer fiel a esta.

Como quien dice, a cada pajarillo le parece muy bueno su nido. Es natural, por lo tanto, que los comerciantes de cada provincia traten de arreglar sus cuentas de final de año lo antes posible, para así celebrar el Año Nuevo en las ciudades donde residen.

En Kioto, vivía un mercader que negociaba con hilos a pequeña escala. Durante los últimos veinte años, había adquirido el hábito de hacer un viaje de negocios a Nagasaki una vez al año. Como era más astuto que nadie, cada vez que emprendía un viaje consumía su última comida en casa poco antes de salir de Kioto, pues ni en tierra ni en mar estaba dispuesto a gastar una moneda más de lo necesario. Durante sus estadías en Nagasaki nunca se le ocurrió echar una ojeada al centro de diversiones de Maruyama. Así pues, no tenía la menor idea de lo elegante que lucía la bella Kinzan, ni se podía imaginar la exquisita blancura del cuello de Kacho. Al recogerse por la noche, colocaba su ábaco junto a la almohada y dormía con el libro de apuntes en la mano. Se pasaba la noche calculando cómo podría enriquecerse de golpe, engañando a algún ingenuo comerciante chino. Pero hoy en día los mercaderes chinos entienden y hablan muy bien la lengua japonesa, y aunque tengan exceso de dinero en efectivo no lo prestarán si no les ofrecen como garantía la hipoteca de una casa. También saben que es más rentable comprar una casa a bajo precio. Se han vuelto tan avispados que ya no se pueden hacer negocios ventajosos con ellos. Sin embargo, más astutos todavía son los comerciantes nativos de Nagasaki, incapaces de ofrecerte la mínima facilidad en sus tratos.

Si la inteligencia fuera el único requisito para hacerse rico, este individuo procedente de Kioto habría sido millonario, pero el tal sujeto no estaba bendecido por la condición *sine qua non* que caracteriza a los ricos: la buena suerte. Otros muchos negociantes de hilos habían comenzado a visitar Nagasaki casi al mismo tiempo que él y habían amasado considerables fortunas. Luego delegaron en sus empleados la tarea de visitar a sus clientes en Nagasaki, para de esta manera permanecer ellos con toda comodidad en Kioto y disfrutar de las distracciones que les brindaba la ciudad, ya fuera contemplar las flores o frecuentar los centros de diversión. Uno de ellos atribuía el secreto de su éxito a lo que llamaba «espíritu de comerciante», que se basaba en la constante observación del mundo de los negocios para intentar predecir qué artículos subirían de precio el año siguiente. Entonces se lanzaba con todo empeño, resuelto a acaparar ese mercado en particular; y así, mediante aquella práctica especulativa, logró hacerse con una gran fortuna. Si no juegas el todo por el todo, permanecerás pobre para siempre.

Nuestro mercader de hilos calculaba con exactitud la diferencia entre el precio de compra en Nagasaki y el de venta en Kioto. Y sus cifras nunca estuvieron muy alejadas de la realidad. Sin embargo, como se dedicaba a un negocio limpio y de menor cuantía, nunca tuvo grandes ganancias. Los márgenes que lograba eran devorados por el pago de los intereses de los préstamos y por la reposición del capital. En resumidas cuentas, aunque su trabajo era enorme y laborioso, fueron otros quienes cosecharon las ganancias.

Cada Nochevieja solía alojarse en una posada de Hashimoto, donde despedía el año. Se trataba de una vieja costumbre de familia, explicaba, pero la verdad era que no podía quedarse en casa porque no tenía cómo pagar sus deudas. De haber sido posible, hubiera preferido celebrar el Año Nuevo en su residencia de Kioto. Rumiando las vicisitudes de su existencia, había llegado a la conclusión de que probablemente su negocio a pequeña escala no le causaría en ningún momento una pérdida realmente seria. No obstante, por otra parte, como se lo habían advertido con sobrada razón algunas personas, de esa manera no obtendría nunca una ganancia muy grande. «Este año —se dijo a sí mismo—, tengo que inventar algún plan fuera de mi negocio regular que me permita conseguir un ingreso relevante». Habiendo tomado esta decisión, se trasladó a Nagasaki, y durante todo el tiempo que permaneció en aquella ciudad se devanó los sesos para dar con un proyecto exitoso. Pero, después de todo, como el dinero engendra dinero, no parecía existir la manera de crearlo, pues nada surge de la nada.

¿No existiría algún atractivo especial o un monstruo que él pudiera exhibir la próxima primavera? Se le hacía difícil idear un artilugio en particular, pues los artesanos de Kioto y Osaka ya habían inventado las más variadas novedades. Podría encontrarse todavía algún producto raro entre los importados. De cualquier manera, debería tratarse de una novedad muy especial, pues algo menor no resultaría rentable. Se detuvo a meditar sobre aquel asunto con sumo cuidado. Lo que ciertamente sería de lo más lucrativo que se pudiera imaginar, por no haberse visto jamás en ningún escenario, era una cría de dragón, el fantástico pájaro devorador de fuego. Pero una anomalía de tal naturaleza no se podía obtener ni siquiera en Nagasaki.

De modo que buscó a un comerciante chino y le preguntó si por casualidad no tenía conocimiento de alguna rareza que se encontrara en un país extranjero.

—Aunque he escuchado mentarlas —contestó el mercader—, no he visto todavía un fénix ni un ave ruc. De cualquier manera, las cosas raras en Japón, como las ramas de áloe o el *ginseng*, son igualmente inauditas en China.

Este mercader chino, tras cruzar miles de kilómetros a través de un mar borrascoso a riesgo de su propia vida, había llegado a Japón con el único propósito de buscar una cosa rara: dinero.

Considerando que de verdad este era un consejo muy sensato, el comerciante de Kioto se dedicó con mayor diligencia a su negocio. Y al mismo tiempo compró en Nagasaki varios tipos de pájaros exóticos. Sin embargo, cuando regresó a Kioto con sus pájaros, ya se encontraban en el mercado cantidad de ejemplares similares y no obtuvo de su venta ningún beneficio. Por suerte, los pavos reales que trajo consigo, a pesar de que eran familiares para el público, se seguían demandando mucho. Gracias a la venta de los pavos reales, logró salir a flote de aquella transacción, sin ganancias ni pérdidas, y recuperó el capital invertido.

De esta historia podemos extraer una lección: «¡Zapatero, a tus zapatos!», pues, después de todo, el mejor negocio es aquel que efectuamos con regularidad.

LIBRO V

I.

SUBASTA NOCTURNA DE FIN DE AÑO

No pasa un año sin que la gente no se queje de que la situación anda mal, de que hay pocas oportunidades para hacer buenos negocios. Pero supongamos que tratas de vender un objeto cuyo precio en el mercado es de diez *momme* por nueve *momme* y ocho *bu*. De inmediato recibirás pedidos que ascenderán a mil *kan*. Por otra parte, si ofreces comprar por diez *momme* algo que ordinariamente se vende a nueve *momme* y ocho *bu*, enseguida recibirás ofertas equivalentes a dos mil *kan*. ¡Qué agallas tienen los comerciantes de las grandes ciudades! Esto explica que comprar y vender depende del todo de cómo las personas hacen sus cálculos.

Aquellos que afirman que lo que hace falta en este mundo es dinero seguro que nunca han visto las zonas residenciales de los ricos. Al contrario, el dinero existe en abundancia. Esto se puede comprobar por el hecho por demás evidente de que durante los últimos treinta años la gente de todas partes del país ha ido prosperando cada vez más. Una casa antes techada de paja ahora está cubierta de tejas. El parapeto que servía como peaje a la entrada de Fuwa, descrito en un poema antiguo como filtrado por la luz de la luna, luce ahora enjalbegado y cubierto con tejas. Además, tiene una cámara acorazada y un almacén. En las puertas correderas del salón ya no se observan los polvos de oro y plata que antaño las cubrían, pues se las considera demasiado llamativas, y se han pintado de oro puro y plata, y sobre aquellas ricas láminas se han dibujado con elegancia temas y motivos con tintas de la India. Así que, en cuanto al gusto se refiere, este es similar al de los habitantes de las grandes ciudades.

Habíamos leído en un poema antiguo que las mujeres recolectoras de sal de la región de Nada no usaban peinetas en el cabello. Pero hoy en día ellas poseen un gusto muy particular para elegir sus kimonos y ansían observar con sus propios ojos la última moda de las ciudades. Saben que el diseño de un kimono con pequeños pinos ya no está a la moda, que lo que se luce en estos días son los diseños con bambúes vistos a la luz del sol poniente. Lo que sucede en realidad es que mientras los residentes de los suburbios de Kioto y Osaka se visten con un kimono fuera de moda, pintado con largas flores de paulonia, precisamente en las zonas rurales puede verse la última moda. Sin embargo, resulta gracioso ver el ideograma de «cuclillo» teñido en la hombrera de un kimono de diseño obsoleto u observar en las espalderas las parras teñidas de rojo.

De cualquier manera, sin importar dónde te encuentres, si dispones de un montón de dinero, podrás hacer lo que te venga en gana. Por otra parte, un hombre pobre no hallará la forma de sobreponerse al fin de año. Si no hay dinero —bueno, no hay dinero—, ¡eso es todo! Por más que nos empeñemos en buscar entre los estantes, no podremos encontrar ni siquiera una moneda, a menos que la hayamos guardado en aquel sitio. De tal modo que lo más recomendable es practicar la economía a lo largo del año. Si una persona ahorra un *mon* por día, una cantidad equivalente a lo que puede gastar en tabaco, al cabo de un año habrá ahorrado trescientos sesenta y cinco *mon*, y en diez años tres *kan* y sesenta y cinco *momme*. Si economiza en todo —té, leña, pasta de soja, sal y cosas por el estilo—, sometiéndose a una existencia frugal, podrá ahorrar al menos treinta y seis *momme* en un año, por muy pobre que pueda ser su cotidianeidad. Si a esa suma se agregan los intereses, en treinta años el monto total de lo ahorrado ascenderá a ocho *kan*. En pocas palabras, debemos cuidarnos cada día de nuestras vidas y procurar no ser negligentes, ni siquiera en fruslerías. En especial, hay que recordar aquel proverbio antiguo que dice: «Con bebida en cada comida florece la pobreza».

Hubo una vez un pobre herrero, fabricante de clavos, que apenas se las arreglaba para mantenerse de la mano a la boca. Sin embargo, no pasaba un día sin que comprara sake por un valor de ocho *mon*, que vertía en una pequeña botella que se había usado en una memorable ocasión para ofrecer sake sagrado al dios Zorro en la fiesta de Inari y que luego consumía religiosamente tres veces al día. De esta manera, el herrero vivió durante cuarenta y cinco años consagrado a la bebida. La cantidad total de sake que consumió a lo largo de esos años ascendía a cuarenta *koku* y cinco *to*, suponiendo que cada día se bebiera dos *go* y medio. Si el costo había sido de veinticuatro *mon* por día, contando doce *momme* de plata como un *kan* de cobre, la suma total que gastó en sake en aquellos años ascendió a cuatro *kan* y ochocientos sesenta *momme* de plata. Cuando la gente se burlaba del pobre herrero diciendo que si se hubiera moderado no sería así de pobre, este se reía como si hubiera administrado su negocio con todo éxito. Afirmaba que no conocía a un abstemio que hubiera construido un almacén. Y, en consecuencia, rehusaba dejar de beber.

Una Nochevieja, nuestro herrero ya había completado prácticamente los preparativos para las fiestas, incluyendo las decoraciones de *horai*, cuando de repente cayó en la cuenta de que no disponía de dinero para adquirir su habitual ración de sake. Durante cuarenta y cinco años, no había pasado un solo día sin escanciar su bebida favorita, de tal manera que la idea de recibir el primer día del nuevo año sin su sake le resultaba por demás intolerable. Si acaso sucediera una desgracia de tal naturaleza, para él el comienzo del año carecería de sentido. Así que marido y mujer se devanaron los sesos procurando encontrar una solución a tan difícil apuro, pero no se les pasaba por la mente ninguna persona que pudiera prestarles el dinero necesario para comprar la bebida; tampoco poseían ningún objeto que sirviera para empeñar. Finalmente, se acordaron de un sombrero de paja, usado el verano anterior para resguardarse del sol, que aún permanecía como nuevo y en buenas condiciones. La estación de verano tardaría bastante tiempo en volver. Una persona, para su propio provecho, puede vender cualquier cosa que posea, ¿no es cierto? Al parecer, no había otro remedio para afrontar aquella crisis.

De tal modo que aquel herrero buscó el sombrero de paja y salió rumbo a la subasta de noche de los artículos de segunda mano, que ya para esa hora se encontraba en plena marcha. Todos los vendedores, a juzgar por su apariencia, eran víctimas de las deudas que no alcanzaban a pagar y no tenían a quién acudir en procura de auxilio. El subastador, estimulado por la comisión del diez por ciento, iba pujando los precios con energía y entusiasmo. Los objetos que se ofrecían para la venta en la subasta de ese fin de año eran sin excepción pobres y miserables. Aunque carecían de voz, proclamaban a los cuatro vientos que sus pobres dueños estaban necesitados de dinero.

Uno de los artículos subastados parecía el kimono de Año Nuevo de una chica de doce o trece años, con el diseño de una playa, teñido con un fondo azul amarillento. El forro era de un color carmesí pálido. El kimono estaba bien acolchado, pero las mangas no habían sido zurcidas. Cuando el subastador lo ofreció en remate, se adjudicó por seis *momme* y tres *bu* y medio. Esa cantidad no habría alcanzado siquiera para costear el forro.

La siguiente pieza ofrecida para la subasta fue la mitad de un *buri* pequeño pescado en el mar de Tango. Se vendió por dos *momme* y medio *bu*. Después le correspondió el turno a un mosquitero apropiado para cubrir una habitación de dos tatamis. La puja comenzó en ocho *momme* y llegó a treinta y tres *momme* y medio, pero al final el dueño no lo vendió. Todo el mundo se echó a reír diciendo que habría que felicitar al dueño del mosquitero porque todavía podía vivir con cierto desahogo, pues en vez de subastarlo mucho antes había logrado sobreponerse, conservando el dichoso mosquitero, hasta la Nochevieja.

Luego se subastó un texto de caligrafía, escrito en diez hojas de papel especialmente enceradas y unidas hasta formar un largo rollo, en el cual se podían ver la firma y el sello del autor. El objeto en cuestión se pujó desde un *bu* hasta cinco. El subastador, quejándose de que la oferta era demasiado baja, gritó:

—¿Por qué? Solo el papel debe valer al menos tres *momme*.

—Sí, podría ser... —Se escuchó una voz desde el grupo de asistentes—. Si no hubieran escrito sobre él, pero ese inútil texto ha reducido su valor a menos de cinco *bu*. Quienquiera que haya sido el autor, yo diría que es un «artista en taparrabos».

—¿Qué quiere decir un «artista en taparrabos»? —preguntó el subastador.

—Bueno, como a ningún hombre le falta un taparrabos —contestó el aludido en tono de burla—, ¡tampoco a nadie le falta el arte de la caligrafía como la de ese tipo!

A continuación, con mucho cuidado, se trajeron unos artículos rotulados con la palabra «frágil». Había diez platos chinos, entre los cuales se habían camuflado algunas cartas escritas por cortesanas bien conocidas de Kioto y Osaka. A pesar de que todos se hallaban muy ocupados, no pudieron resistir la tentación de leerlas. Las cartas, según lo que pudieron averiguar, se habían escrito en diciembre y no contenían ninguna alusión al amor o la pasión, solo solicitaban dinero, desde luego, con las excusas apropiadas y corteses. En fin, ya se sabe que el amor con hambre no dura.

—El dueño de estos hermosos platos —dijo con voz impostada el subastador— debe de haberse considerado en su época como un gran benefactor. Bueno, cada una de estas cartas le costaría al menos una pieza de plata.

—En ese caso —se dejó escuchar un gracioso comentario desde la multitud—, las cartas antiguas deben valer más que los platos. —Y todo el mundo soltó una carcajada.

A continuación, comenzó la subasta de una imagen de Fudo —la diosa que se sienta rodeada de llamas—, junto con un báculo sagrado, un florero de fina cerámica, un bastón ceremonial y un antiguo altar utilizado para el ritual del fuego ardiente. Estos últimos objetos fueron recibidos con un comentario irónico, según el cual Fudo mostraba su impotencia para propiciar su propia fortuna.

Entonces se inició la subasta del sombrero de paja. Al verlo, alguien del público gritó, haciendo caso omiso de la presencia de su dueño:

—¡Oh, qué pena! Sin duda, el dueño pretendía seguir usándolo durante muchos veranos, pues lo guardó en una bolsa hecha con papeles viejos. ¡Qué tipo tan ahorrador!

La primera oferta por el sombrero fue de tres *mon*, pero cuando al fin se adjudicó, el valor había subido a catorce *mon*. Cuando el vendedor recibió su dinero, juró en nombre de algún dios que había comprado aquel sombrero por treinta y seis *mon* en mayo y lo había usado solamente una vez: el día de la Fiesta del Guerrero Azul. Fue realmente muy gracioso escuchar de boca del pobre herrero la revelación de su deshonra.

En la subasta final de la noche, un individuo compró veinticinco estuches de abanicos como obsequios para el fin de año y una caja de tabaco por dos *momme* y siete *bu*. Al volver a casa, abrió la caja y encontró, escondidas bajo el tabaco, tres piezas de oro de un *ryo*. Fue en verdad un golpe de suerte completamente inesperado para él.

2.
PERSIANAS DE PORTAPLUMAS

Cierto sujeto que había aprendido una lección inolvidable de sus penosas experiencias de fin de año decidió que, aunque tenía que observar, lo quisiera o no, las costumbres populares de los primeros tres días del Año Nuevo, comenzaría a trabajar sin falta desde el cuarto día. Resolvió que comerciaría estrictamente a base de vender al contado y abstenerse de comer pescado a menos que estuviera seguro de poder darse ese lujo. Además, haría el balance de sus cuentas con exactitud durante los cinco días anuales destinados a la liquidación. De esta manera vivió todo un año, teniendo siempre presente lo exigentes que son los cobradores.

Mientras tanto, muy pronto llegó el siguiente Año Nuevo. Ese año, pensó aquel tipo, cambiaría las fechas de los programas de su negocio, y ya el segundo día se ocuparía de la organización del libro de cuentas, labor que se solía realizar el décimo día. En lo que al inventario se refiere, no aguardaría hasta el quinto día según se acostumbraba, sino que lo abordaría el tercero. Pensó también que no sería una buena idea salir de casa, pues se exponía a hacer gastos imprevistos; si se encontraba con un conocido, este podría invitarlo a visitar algún lugar, lo que significaría una pérdida de tiempo. El único tema de sus conversaciones con los demás era la marcha de su negocio, y dedicaba cada día a calcular las distintas fluctuaciones de este.

«Ya que vivimos en un mundo en que se obtienen pocas ganancias —pensaba—, lo más sensato es economizar en los gastos de la vida diaria». Entonces, siguiendo esta premisa, en marzo, cuando se renuevan los contratos de los empleados, despidió a la criada de la cocina y su mujer se ocupó de aquel trabajo. Él mismo durante el día atendía su lugar habitual como patrón de la tienda, pero cuando esta se cerraba al anochecer trabajaba junto con el joven aprendiz en el mortero. Asimismo, nunca se lavaba los pies con agua caliente, siempre usaba agua fresca del pozo aun cuando hiciera un frío espantoso. Sin embargo, este sujeto debió de haber sido poseído por el espíritu de la pobreza, ya que, a pesar de todos los ahorros que hizo, su negocio se fue a pique y él se desvaneció como hielo al sol.

Bien se ha dicho que una cacerola de un *sho* no tiene cabida más que para un *sho*. Este fue el caso de cierta sacerdotisa de Kumano, que solía mostrar a los peregrinos las pinturas del paraíso y el infierno, al tiempo que cantaba melodías populares hasta quedarse sin aliento. A pesar de las insistentes súplicas para que le dieran limosna, apenas podía llenar su cacerola con el arroz que le ofrecían por caridad. El anhelo de las personas por alcanzar una existencia feliz en el futuro tiene diversos grados, dependiendo en todo caso de la naturaleza del interesado.

Un crudo invierno, el sacerdote Ryushoin salió de viaje con el propósito de recolectar las contribuciones destinadas a restaurar la gran imagen de Buda. Por su carácter, no podía de ninguna manera solicitar ayuda de los no creyentes. Se desplazaba en silencio por los caminos, aceptando únicamente las donaciones voluntarias. No obstante, a cada paso de su recorrido, la gente donaba un *kan*, de modo que al recorrer diez pasos llevaba en su bolsa diez *kan*. Algunos incluso contribuyeron con oro y plata. La imagen de Buda relumbra con mayor intensidad si está hecha de metal. La solicitud de una contribución resulta más efectiva si el peticionario es un monje distinguido. De todos modos, como en la actualidad el budismo está en pleno apogeo, y considerando además que la restauración de la imagen de Buda constituía un evento muy especial, cada secta budista mostró ambición e interés en aquel tema. Hasta los más pobres que vivían en las afueras de la ciudad donaron un *mon* cada uno, que acumulados sumarían doce *kan*, equivalentes al costo de una de las columnas utilizadas en la reconstrucción. En fin, debe usted ser cuidadoso en todos los aspectos y ahorrar lo que pueda en cada ocasión que se le presente, por muy insignificante que sea el monto.

A propósito, el hombre que amasa una fortuna es por naturaleza diferente a los demás. Conozco el caso de un señor que mandó a su hijo a una escuela desde el noveno hasta el duodécimo año para estudiar caligrafía. Durante esos años, el muchacho guardó todos los portaplumas que utilizaba, así como también los usados por sus compañeros. Entonces, en la primavera, cuando cumplió trece años, hizo con aquellos portaplumas algunas persianas y vendió tres de ellas por un *momme* y medio cada una, obteniendo así cuatro *momme* y medio de plata. «Este hijo mío —pensó el padre complacido— no es una persona cualquiera», y de lo contento y orgulloso que se sentía se lo contó al monje que le enseñaba caligrafía a su hijo. El monje, que no parecía compartir el entusiasmo del padre, le habló así:

—A lo largo de mi vida les he enseñado caligrafía a cientos de chicos, y ni siquiera uno de los más listos, como su hijo, ha llegado a convertirse con el tiempo en un hombre rico; si bien es verdad que tampoco ninguno ha terminado siendo mendigo. Todos ellos viven ahora a un nivel un poco por debajo de la clase media. La viveza no constituye el único valor necesario para el éxito, ¿sabe? Además, es un error pensar que su hijo es el único chico listo en el mundo. Hay muchos más avispados que él. Le daré un ejemplo: conozco a un chico que todos los días al terminar la clase barría el aula, sin importar si aquel día le correspondiera hacerlo o no. Mientras barría, iba recogiendo todas las hojas de papel dejadas por sus compañeros, las alisaba y luego las vendía a un comprador de papeles usados. Esta fue sin duda una idea mejor que la de hacer persianas con viejos portaplumas, porque producía dinero en efectivo cada día. Pero, aun así, tampoco fue tan buena. Otro chico que conozco traía hojas extra de papel a su clase, y cuando a alguno de sus compañeros le hacía falta una se la facilitaba, cargándole un interés del cien por ciento diario. ¡Una ganancia anual enorme para un simple chico! Todos estos jóvenes habían asimilado semejantes astucias observando el comportamiento de sus padres calculadores. Sus ideas no eran el producto espontáneo de su propia imaginación.

»Por otra parte, supe de un chico cuyos padres lo animaban para que se consagrara exclusivamente a la caligrafía, pues pensaban que le sería de provecho en el futuro. Siguiendo el consejo de sus padres, el chico se dedicó día y noche a leer y escribir, superando con el tiempo a sus mayores en el arte de la caligrafía. Sin duda, al crecer se convertirá en un rico comerciante, pues ha aprendido cómo concentrarse en cualquier tarea que se le presente.

»Después de todo, difícilmente se tendrá éxito en la vida si se abandona el negocio heredado de la familia para aventurarse en otro muy distinto. Esto es válido también para los chicos que estudian caligrafía: ellos deben dedicarse por entero a la práctica de aquel difícil arte sin ocuparse de otras cosas. Mostrar habilidades en áreas diferentes es de un egoísmo innecesario, así como no prestar atención a los temas prioritarios es de verdad vergonzoso. Sinceramente, no le puedo decir que las intenciones de su hijo sean las correctas. Al fin y al cabo, mientras se es joven lo mejor será andar por ahí recogiendo flores o volando cometas, y luego, cuando se haya alcanzado cierto grado de madurez, se tendrá la oportunidad de aprender las reglas del negocio y consolidar así las bases para el futuro. Recuerde lo que este viejo setentón le está diciendo y observe con atención a esos chicos para ver cómo se desenvuelven en el futuro.

Las predicciones del maestro de caligrafía fueron en verdad acertadas. Cuando estos chicos listos crecieron y tuvieron que ganarse la vida, pusieron en práctica novedosas ideas, y la mayoría de las veces fracasaron. Aquel que había hecho persianas con portaplumas viejos ideó ponerle un soporte de madera a las *geta* para usarlas en invierno cuando las calles estaban enlodadas, pero su idea apenas disfrutó de una moda pasajera. El chico que había recogido el papel desechado inventó un método para revestir las vasijas de barro con alquitrán, pero durante la Nochevieja sus ingresos apenas le permitían encender una lámpara votiva. Por otra parte, el chico que se había dedicado con entusiasmo a la caligrafía, aunque torpe en apariencia, al crecer continuó con el mismo empeño, manteniéndose fiel a su propia naturaleza. Inventó un método para impedir que los barriles de aceite se congelaran durante su transporte por barco hasta Edo en pleno invierno. La técnica consistía en introducir un poco de pimienta en cada barril. El invento le reportó enormes ganancias. Tanto él como el chico de los papeles desechados habían estado pensando en lo mismo: aceite; pero uno pensó en términos de vasijas de barro, mientras que el otro se centró en barriles de aceite.

¡Qué enorme es el abismo que separa las mentes humanas!

3.
HEITARO

«Confiamos en Buda para ganarnos la vida», reza un antiguo proverbio que aún mantiene su vigencia.

Cada año, la víspera del día inicial de la primavera, en todos los templos de la secta budista Shinshu se cuenta la historia de Heitaro. Año tras año, el relato no experimenta ningún cambio, pero siempre que alguien lo escucha se impresiona de nuevo, como si lo estuviera oyendo por primera vez. Debido a su atractivo, se reúnen muchas personas, jóvenes y viejos, hombres y mujeres, para escucharlo con atención.

Cierto año, la víspera del equinoccio de primavera coincidió con la Nochevieja. A causa de esta coincidencia, las voces de los cobradores se confundían con los conjuros de los exorcistas que se empeñaban en ahuyentar a los demonios. El tintinear de la balanza de pesar monedas se mezclaba con el sonido de las habas utilizadas para los conjuros. Esta extraña situación hacía recordar una de las anécdotas de *Un demonio en la oscuridad.* En un templo Shinshu de Osaka, el sacerdote hizo sonar el gong, ofreció los cirios sagrados ante el altar y esperó la llegada de los fieles. Pero aun después de que el tañido de la campana de medianoche se hubiera apagado, apenas se veía a tres fieles en aquella estancia. El sacerdote, admitiendo muy a su pesar que a las personas solo les interesaban los asuntos mundanos, se dirigió a los escasos asistentes con estas palabras:

—Como esta noche se cumple el plazo límite para saldar las deudas del año, parece que la gente anda muy ocupada como para atender los servicios religiosos. Creo, sin embargo, que incluso esta noche las abuelas que se han desentendido de los asuntos administrativos de sus casas estarán sin nada que hacer. Cuando desde el otro mundo llegue la barca que las llevará hasta el otro lado del río, ninguna de ellas podrá negarse a abordarla. ¡Qué tonta es la gente! ¡Qué lástima, qué vergüenza no atender los servicios dedicados a Buda! Por ahora, parece de muy poco provecho predicar un sermón a apenas tres personas. Aunque estos sean servicios espirituales a Buda, también deben tomarse en cuenta ciertas consideraciones materiales. Ya que las ofrendas que ustedes tres han traído tan solo alcanzarán para pagar las velas, parece que predicar en tales circunstancias será una pérdida de dinero. ¿Podrían ser tan amables de retirar sus ofrendas y regresar a sus casas? El hecho de que ustedes hayan venido al templo en estos momentos cuando el resto de la gente está metida de cabeza en sus quehaceres mundanos es en verdad digno de elogio. Pueden ustedes descansar confiados, ya que Buda procurará que su loable conducta no resulte en vano. Él lo anotará en su libro dorado para así hacer un balance para el futuro. En consecuencia, les suplico que no piensen que sus acciones de esta noche no habrán de conducir a nada bueno, pues la misericordia de Buda es infinita. Les digo esto con toda sinceridad. Pueden confiar absolutamente en Él.

Una anciana que había estado escuchándolo rompió a llorar y habló así:

—Sus palabras me han conmovido y me han hecho sentir vergüenza de mí misma. Tengo que confesar que no vine hasta aquí por ningún motivo piadoso. Mi único hijo ha estado descuidando su negocio, y hasta ahora cada fin de año se las ha ingeniado para lograr sortearlo con una excusa u otra, pero este año no se le ha ocurrido ninguna. Al fin, me pidió que viniera hasta aquí, de tal manera que al no encontrarme en casa armaría un escándalo diciendo que su anciana madre había desaparecido. Entonces, mientras los vecinos hicieran sonar los tambores y los gongs durante la noche, él podría andar de un sitio para otro fingiendo que me buscaba. Esa era su artimaña para apañarse en el fin de año. Se jactaba de que se trataba de una idea inventada por él mismo para burlar a los cobradores de fin de año gritando: «¡Regresa! ¡Regresa, madrecita!». Es una desgracia para mí tener un hijo tan inútil, me siento apenada por haber cometido el pecado de molestar sin quererlo a mis vecinos.

Luego habló un hombre oriundo de la provincia de Ise:

—La fatalidad es siempre un misterio. Al principio me sentía como un forastero en esta gran ciudad, pues no tenía ningún pariente. Pero desde que un auxiliar del Gran Santuario de Ise, responsable de los feligreses que vivían en el distrito de Osaka, me ofreció un empleo, me vi en la obligación de visitar con cierta frecuencia la ciudad, llevando a mis espaldas distintas encomiendas para dichos fieles. Al darme cuenta de que Osaka era una ciudad muy próspera, pensé que una familia de dos o tres miembros podría ganarse la vida con facilidad haciendo cualquier cosa. Por suerte, conocí a la viuda de un vendedor de hilos que solía ofrecer su mercancía en la provincia de Yamato. Ella era rolliza, de tez blanca, y tenía un hijo de dos años. Me casé con ella creyendo que, si trabajábamos unidos, podríamos vivir con comodidad, con la esperanza de que, al envejecer, el chico se encargaría de mantenernos.

»Pero antes del año de nuestro casamiento yo había perdido el poco dinero que invertí en el negocio debido a mi falta de experiencia como vendedor ambulante; y así, desde el primero de diciembre, tuve que pensar seriamente en buscar otro trabajo. Mientras tanto, mi mujer no me hacía ningún caso y se dedicaba única y exclusivamente a su hijo. Con frecuencia, lo aconsejaba de esta manera: “Hijo, escúchame con atención, ya que tienes oídos. Has de saber que aunque tu difunto padre era un hombre más bien insignificante poseía cierto grado de inteligencia. Incluso cocinaba, y, como sabes, ese es un trabajo femenino. Permitía que me acostara temprano, mientras él permanecía despierto hasta la madrugada haciendo sandalias de paja. Durante las festividades del Año Nuevo, se privó de comprarse un kimono para su uso personal, pero, en cambio, encargó un par de kimonos nuevos para ti y para mí. Este de color amarillo quemado que llevo puesto me hace recordarlo con intensidad. En realidad, cualquier acontecimiento, por nimio que sea, me trae recuerdos suyos. Haces bien, hijo mío, en llorar por tu padre que se ha ido para siempre”.

»Oírla hablar de tal guisa me producía un inmenso fastidio, en particular en mi condición de cónyuge, pero no me quedaba más remedio que aguantar sin siquiera rechistar. Algunas personas de mi provincia natal me debían un dinero, así que, pensando que podría sobreponerme a este fin de año si lograba que me lo pagaran, tomé la decisión de trasladarme hasta la lejana Ise. En contra de mis optimistas predicciones, resultó que todos mis deudores se habían marchado de aquellas tierras. Entonces regresé esta misma noche justo antes de la cena sin una sola moneda en el bolsillo.

»Para mi sorpresa, cuando entré en casa encontré tortas de arroz y leña. Además, la mesa que se dedica al dios del Año Nuevo había sido decorada debidamente con helechos. Todavía me debe de quedar alguna esperanza, pensé, pues si una puerta se cierra, otra se abre. Sea como fuere, durante mi ausencia mi mujer había sabido administrar la economía doméstica, lo que le permitió preparar todas estas cosas. Me sentí muy satisfecho, y cuando mi mujer se percató de mi regreso se portó de la forma más amable y complaciente conmigo. Primero me trajo agua para lavarme los pies, y luego me ofreció una cena con sardinas variadas, a la vinagreta y asadas a la parrilla. Y, justo cuando comencé a comer, me preguntó si había logrado traer el dinero que fui a buscar a Ise. Al enterarse de mi fracaso, comenzó a espetarme un sermón: "¡¿Cómo te atreves, idiota, a volver con las manos vacías?! El arroz que estás comiendo lo obtuve a crédito con un interés escandaloso. A menos que pague noventa y cinco *momme* antes del fin de febrero, estaré perdida. A las demás personas, el arroz les cuesta solo cuarenta *momme*, en tanto que el nuestro, a causa de tu inutilidad, cuesta noventa y cinco *momme*. ¡Eres un bueno para nada! Llegaste a esta casa apenas con un taparrabo, de tal manera que no perderás nada si te largas ahora mismo. Esta noche será muy oscura, así que más te vale salir antes de que sea demasiado tarde".

»Al tiempo que hablaba iba recogiendo los platos sin permitirme acabar la cena, y me presionaba para que me marchara de una vez. Entre tanto, los vecinos acudieron en tropel, y tomando partido por mi mujer dijeron: "Debe de ser embarazoso para usted, pero su posición como esposo es sin duda débil. Si es usted un hombre de verdad, será mejor que abandone esta casa y pruebe suerte en cualquier otro lugar". En ese momento, me sentía tan triste que ni siquiera podía llorar. Mañana volveré a mi provincia natal, pero me encontraba tan perplejo y aturdido que no sabía dónde podía pasar la noche, y por esa razón ha sido que he venido hasta aquí, aunque pertenezco a una secta distinta, la Nichiren.

Cuando su confesión, a la vez graciosa y lastimera, hubo acabado, el último de los tres visitantes del templo soltó una carcajada y dijo:

—Ahora es mi turno, así que les contaré mi historia, pero les ruego me dispensen de decirles quién soy. No puedo quedarme en casa a riesgo de ser atormentado por los cobradores, y nadie me prestará una miserable moneda. Sentí mucho frío y quise tomarme unos tragos, de modo que tramé un plan tras otro, y no pude dar con alguno que me ayudara a salir de este apuro de fin de año. Finalmente, inventé una estratagema vergonzosa: como esta noche en los diversos templos contarán la historia de Heitaro y una multitud de gente acudirá a escucharla, mientras todos se encontrasen absortos en aquel relato yo aprovecharía para robar las sandalias de los feligreses, y el producto de su venta me alcanzaría para tomarme unos tragos. Al contrario de lo que esperaba, muy pocas personas han ido esta noche a los templos, de tal manera que la vigilancia del mismo Buda resultaría inútil.

Mientras el pobre hombre contaba su historia derramaba lágrimas de pura tristeza. Conmovido profundamente por aquel espectáculo, el sacerdote, dirigiéndose al trío de fieles, habló así:

—¡Bueno, bueno! Cálmense. Aunque todos ustedes están dotados del cuerpo y el alma de Buda, parece que la pobreza engendra toda clase de perniciosos destinos. Pero así es el mundo, impredecible y triste. ¡Qué le vamos a hacer!

Cuando el sacerdote deploraba con un suspiro el destino de los humanos, entró en el templo a toda prisa una mujer para informarle de que su sobrina acababa de dar a luz con todo éxito. Tras ella, pisándole los talones llegó un hombre con la noticia de que el funeral de Kuzo, el fabricante de cajas, que se había ahorcado tras una disputa con un cobrador, se celebraría después de la medianoche. El sacerdote fue cordialmente invitado para que acudiera al cementerio. En medio del bullicio originado por tan variadas noticias, buenas y malas, entró un sastre para contar que el kimono de seda blanco acolchado que el sacerdote le había encargado lo había robado un ladrón. El sastre prometió que, si después de la búsqueda no le fuera posible recuperarlo, lo indemnizaría para evitar cualquier pérdida por parte del sacerdote.

Entonces un hombre que vivía al este del templo llegó para pedirle al sacerdote que le permitiera sacar agua del pozo del templo durante los cinco primeros días del Año Nuevo porque su propio pozo se había secado. Luego, se presentó el hijo único de un feligrés muy influyente y acaudalado al que a causa de su vida dispendiosa su padre lo había desheredado. Hallándose obligado a abandonar la casa paterna de inmediato para trasladarse a otro lugar, su abnegada madre había pensado colocarlo bajo el cuidado del sacerdote hasta el 4 de enero. Semejante petición de una señora tan rica no podía ser rechazada por ningún sacerdote.

Vemos entonces como el «sacerdote en diciembre» mientras viva en el mundo de los hombres está muy lejos de librarse de los compromisos que atañen a los humanos.

4. LAS TIENDAS PERENNEMENTE PRÓSPERAS DE EDO

En las calles de Edo reina la paz en toda su extensión, y las personas procedentes de cualquier parte del mundo están ansiosas por hacer sus negocios en esta gran ciudad. Las tiendas de variedades abren sus puertas a cada rato, y no pasa un solo día sin que las mercancías de todas las provincias lleguen en barcos o a lomos de miles de caballos. No se necesita una prueba mejor de que el oro y la plata abundan en el mundo, y sería de verdad lamentable que un comerciante no fuera capaz siquiera de aprovechar semejante abundancia.

A partir del 15 de diciembre, las calles centrales con sus florecientes establecimientos parecen un verdadero emporio de la riqueza. Los productos de uso cotidiano son desplazados por las mercancías que se exhiben solo en ocasión del Año Nuevo: raquetas y cometas, amuletos de la buena fortuna incrustados de plata y oro, y muchos otros artículos de lujo. Hasta un arco en miniatura se vende por dos *ryo* de oro, porque en Edo no solo los hijos de los grandes señores, sino también los ciudadanos comunes, se caracterizan por su generosidad.

A lo largo y ancho de las calles, los puestos ambulantes bullen en sus dinámicas actividades. Las monedas de cobre circulan como el agua, al tiempo que la plata se acumula como montones de nieve. A lo lejos, allá en el horizonte, se vislumbra el monte Fuji, irguiéndose en todo su esplendor, mientras las pisadas de la gente que cruza el puente Nihon suenan al igual que el ruido de los miles de carros que transitan por las carreteras. Todas las mañanas, en el mercado de la calle Funa se venden distintos tipos de pescado, en tanta cantidad que uno se maravilla de la enorme diversidad de las especies marinas, aun cuando sabemos que nuestras numerosas islas están rodeadas por el mar.

A diario, al mercado de verduras de la calle Suda en Kanda llegan grandes cantidades de nabos transportadas por miles de caballos de carga, de forma tal que pareciera que todos los sembradíos de nabo del país se estuvieran mudando a la ciudad. Tan altos son los montones de pimientos rojos colocados en cestas que, si estuviéramos en la provincia de Musashi, bien pudiéramos imaginar que contemplamos desde la cumbre del monte Tatsuta las hojas rojas en toda su magnificencia otoñal. Los patos salvajes puestos a la venta en las calles Cerámica y Malta parecen nubes negras que hubieran descendido sobre la tierra. A lo largo de toda la calle Hon-machi, los vendedores de telas exhiben vestidos de los más diversos colores y diseños, cuyos modelos se parecen a los trajes de las doncellas o a los de las mujeres de los guerreros. Algunos representan escenas de primavera; otros, de verano, otoño o invierno. Ahí podemos disfrutar de la vista de las cuatro estaciones de una sola vez. En las mercerías de la calle Temma, los artículos de algodón nos recuerdan la nieve de Yoshino al alba. Cuando anochece, se cuelgan las linternas en la entrada de las tiendas, que arrojan haces de luz sobre las calles. La Nochevieja, la ocasión en que los comerciantes hacen las más grandes transacciones en una noche, vale mil *ryo* de oro.

Respecto a los *tabi* y *geta*, los artesanos de Edo acostumbran a venderlos al final, hasta poco antes del amanecer del Año Nuevo. Pero un año sucedió que en todo Edo no se podía encontrar ni siquiera un calcetín o un par de sandalias. Como era de suponer, en la ciudad más grande del Japón la demanda alcanzó miles de pares. En tanto que a horas tempranas de la noche el precio de un par de *geta* era de apenas siete u ocho *bu*; después de la medianoche se elevó a un *momme* y dos o tres *bu*, y al amanecer había subido vertiginosamente hasta dos *momme* y medio. Aun a este precio, pese a la creciente demanda, no había vendedores por ningún lado.

Otro año, un par de pargos pequeños alcanzó un precio de dieciocho *momme*. Y en otra ocasión una sola naranja para decorar costó dos *bu*. A pesar de esos precios tan excesivos, la gente de Edo no se abstuvo de comprarlos. Al contrario, en Kioto y Osaka nadie compraría ni de pura casualidad artículos a precios exorbitantes. Con razón se ha dicho que los residentes de Edo son personas de mentalidad señorial. Cuando la gente de miras estrechas que ha vivido mucho tiempo en Kioto u Osaka se traslada a Edo, muy pronto se adapta a su espíritu generoso, de tal manera que con el tiempo llega incluso a no preocuparse por contar su dinero o comprobar el peso exacto de sus monedas de oro. Si por desgracia aceptara una moneda de peso insuficiente, simplemente se la pasaría al sujeto siguiente sin más ni más. Ya que de todas maneras el dinero va cambiando de dueño constantemente, ¿para qué armar un lío por una bagatela?

El día 17 o 18 de diciembre, en las tiendas de los traficantes de dinero se ven montones de plata y oro, resplandeciendo como siempre. Nadie sabría decir cuántas veces en un año ese dinero viaja entre Edo y Kioto u Osaka. En el mundo no hay nada que trajine tanto como el dinero. A pesar de todo, aun con esas enormes cantidades de dinero, todavía hay personas que tienen que hacer frente al Año Nuevo sin ninguna moneda de oro en las manos, incluso en Edo.

En lo que se refiere a los regalos del Año Nuevo, lo usual son las espadas (de imitación, por supuesto), kimonos, sake, pescados o cajas de velas. Cada uno de ellos representa la promesa de una primavera que durará eternamente. Incluso los pinos del portal que se instalan frente a las casas simbolizan la primera etapa en el ascenso hacia aquella Montaña de la Prosperidad Perpetua. Y así, por encima del Puente de las Hojas Perennes, el Año Nuevo amanece con un cielo sosegado y sin nubes y el sol brilla con sus rayos protectores para todos.

GLOSARIO

bardana: *Arctium lappa.* Planta comestible y medicinal muy apreciada en Japón.

buri: pez parecido al jurel muy apreciado en invierno por su alto contenido de grasa.

chimaki: plato elaborado con arroz glutinoso y diferentes rellenos envuelto en hojas de bambú.

Edo: Edo era el nombre de la actual ciudad de Tokio hasta 1868, año de la Restauración Meiji. Capital del shogunato del clan Tokugawa desde 1603.

furoshiki: tela o pañuelo que se utiliza como envoltorio.

geta: sandalias tradicionales japonesas, con la suela de madera y tiras para sujetar los dedos.

go: juego estratégico de origen chino (siglo VI antes de Cristo), muy popular en Japón, parecido al ajedrez; se juega entre dos personas sobre un tablero de 19 por 19 cuadrados. El objetivo es conseguir el dominio territorial.

hakama: falda pantalón para kimono que se utiliza en ocasiones formales.

haori: especie de kimono tradicional parecido a una chaqueta que llega hasta las caderas.

harakiri: también conocido como *seppuku*, suicidio ritual japonés que consiste en abrirse el vientre con una daga y luego hacerse decapitar.

hassaku: adorno que acompaña al regalo que se hace el 1 de agosto del calendario lunar para desear la buena cosecha de los cinco cereales.

hiki: unidad de tamaño de tela; medio *hiki* equivalente a un *tan*. Un *tan* tiene el tamaño aproximado para hacer un kimono.

horai: decoraciones de Año Nuevo compuestas por arroz, caquis, castañas, naranjas, algas marinas, orejas marinas, langostas, etc., que se colocan sobre helechos.

jio: infusión de hierbas medicinales.

joruri: forma tradicional de música narrativa japonesa, cantada con acompañamiento de *shamisen*.

kan: un *kan* equivale a cien *ryo* en la moneda antigua japonesa.

koku: unidad de medición de volumen; definido en su origen como la cantidad de arroz teóricamente necesaria para alimentar a una persona durante un año (unos 180 kilos).

kosode: especie de kimono de mangas cortas, más pequeño y menos ajustado que el kimono tradicional.

momme: unidad de moneda antigua japonesa equivalente a un décimo de *ryo*.

mon: un *mon* equivale a 1/400 *ryo* en la moneda de la época.

obi: faja ancha y colorida que ciñe el kimono.

Obon: también se conoce como *Bon*; es una festividad japonesa de tradición budista semirreligiosa que honra a los espíritus de los antepasados.

ronin: guerrero samurái que no sirve a un amo.

ryo: un *ryo* equivale a diez *momme* o cuatro *bu* en la moneda antigua japonesa.

Sekidera Komachi: famosa pieza de teatro *noh* del conocido actor y escritor Zeami Motokiyo (1363-1443), protegido por el shogun Ashikaga Yoshimitsu y cuya genialidad fue reconocida desde muy joven. Esta obra narra las vicisitudes de una destacada poetisa (inspirada en Ono no Komachi, siglo IX), de deslumbrante belleza, que en el otoño de su vida cae en desgracia.

shamisen: instrumento musical tradicional japonés de tres cuerdas compuesto por una caja semicuadrada cubierta de piel.

sho: medida de volumen que equivale a diez *go*.

tabi: calcetines japoneses con una división en el dedo gordo para utilizar con calzado tradicional tipo sandalia o *geta*.

tatami: estera hecha de paja que cubre el piso de las habitaciones tradicionales japonesas. Se utiliza como medida de superficie. Un tatami mide aproximadamente 180 × 90 centímetros.

utai: canto que acompaña las obras de teatro *noh*.

yamabushi: eremita de la secta budista Shingon asociado con prácticas esotéricas.

zoni: sopa con torta de arroz y verduras variadas que se suele tomar en Año Nuevo.

La primera edición de
Este mundo astuto
se terminó de imprimir en Salamanca
el 16 de septiembre de 2025

Ihara Saikaku

田山 花袋

Maestros de la Literatura Japonesa